[美]阿瑟·C. 布鲁克斯
（Arthur C. Brooks）

[美]奥普拉·温弗瑞
（Oprah Winfrey）

——著——

张婍——译

为你想要的生活

Build the Life You Want

The Art and Science of Getting Happier

中信出版集团 | 北京

图书在版编目（CIP）数据

为你想要的生活 /（美）阿瑟·C. 布鲁克斯,（美）奥普拉·温弗瑞著；张婍译. -- 北京：中信出版社，2024.10. -- ISBN 978-7-5217-6792-6

Ⅰ . B84-49

中国国家版本馆 CIP 数据核字第 2024QE2032 号

Copyright © 2023 by ACB Ideas LLC and Harpo, Inc.
Simplified Chinese translation copyright © 2024 by CITIC Press Corporation
ALL RIGHTS RESERVED
本书仅限中国大陆地区发行销售

为你想要的生活

著者：　　[美]阿瑟·C. 布鲁克斯　　[美]奥普拉·温弗瑞

译者：　　张 婍

出版发行：中信出版集团股份有限公司
　　　　　（北京市朝阳区东三环北路 27 号嘉铭中心　邮编 100020）

承印者：　嘉业印刷（天津）有限公司

开本：880mm×1230mm 1/32　　印张：9.5　　字数：187 千字
版次：2024 年 10 月第 1 版　　印次：2024 年 10 月第 1 次印刷
京权图字：01-2024-3918　　书号：ISBN 978-7-5217-6792-6
　　　　　　　　　　　　　　定价：59.00 元

版权所有·侵权必究
如有印刷、装订问题，本公司负责调换。
服务热线：400-600-8099
投稿邮箱：author@citicpub.com

我们把这本书献给你和你的生活旅程。
愿你更加快乐,年复一年,
并能将幸福传递给他人。

目录

来自奥普拉的寄语 /VII
来自阿瑟的寄语 /XI
前言 把不喜欢的柠檬做成柠檬水 /XVII

第一部分
创造你想要的生活

第一章 幸福不是目标,不幸福也不是敌人 /003
幸福的两个神话 /005
什么是幸福 /009
不幸福的作用 /016
测试你的情绪水平 /018
欣赏负面的感受 /023
享受蜂蜜的同时,不忘感恩蜜蜂 /028

第二部分
管理你的情绪

来自奥普拉的寄语 /033
第二章 元认知的力量 /037
大脑的情绪感受 /039
原始情绪和复合情绪 /042
元认知:管理你的情绪 /045
当你无法改变世界时,改变你体验世界的方式 /047

如果你不喜欢自己的过去，那就改写它吧	/050
元认知训练	/054
现在，选择你想要的情绪	/057

第三章　选择一种更好的情绪	**/059**
在日常中心怀感恩	/062
幽默是极好的情绪咖啡因	/067
成为充满希望的人	/072
停止过度共情	/077
为他人创造更美好的世界	/083

第四章　减少对自我的关注	**/085**
每个人都有两个自我	/088
不再在乎别人的看法	/094
不要给嫉妒的杂草浇水	/100
创造你想要的生活	/105

第三部分
回归生活的基本

来自奥普拉的寄语	**/115**
第五章　建立不完美的家庭	**/119**
挑战 1　发生冲突	/121
挑战 2　缺少互补性	/126
挑战 3　长期处于消极情绪之中	/132
挑战 4　拒绝原谅	/137
挑战 5　不诚实	/141
与家庭和解的 5 个方法	/144

第六章　寻找真正的友谊　　　　　　　　　　　/147
挑战 1　看清你的性格　　　　　　　　　　　　/150
挑战 2　"希望他对我有用"　　　　　　　　　　/153
挑战 3　固执己见　　　　　　　　　　　　　　/159
挑战 4　把伴侣作为最亲密的朋友　　　　　　　/164
挑战 5　跳出虚拟世界　　　　　　　　　　　　/169
经营友谊的 5 个方法　　　　　　　　　　　　　/174

第七章　你不是你的工作本身　　　　　　　　　/177
挑战 1　职业目标　　　　　　　　　　　　　　/182
挑战 2　职业道路　　　　　　　　　　　　　　/188
挑战 3　工作成瘾　　　　　　　　　　　　　　/191
挑战 4　把自己当作老板　　　　　　　　　　　/196
平衡工作与生活的 4 个方法　　　　　　　　　　/201

第八章　寻求日常生活之外的体验　　　　　　　/205
讨论信仰是件棘手的事　　　　　　　　　　　　/208
你的灵性大脑　　　　　　　　　　　　　　　　/210
挑战 1　有多少时间真正活在当下　　　　　　　/213
挑战 2　开始内在觉醒　　　　　　　　　　　　/217
挑战 3　找到正确的关注点　　　　　　　　　　/221
寻求超越体验的 4 个方法　　　　　　　　　　　/223

来自奥普拉的寄语　　　　　　　　　　　　　/226
结语　当你开始分享，幸福会成倍增加　　　　/231
致谢　　　　　　　　　　　　　　　　　　　/239
注释　　　　　　　　　　　　　　　　　　　/243

来自奥普拉的寄语

25 年以来,我通过制作《奥普拉脱口秀》得到的众多收获之一就是近距离面对不幸福。形形色色的不幸福,不一而足。我的访谈嘉宾里有因为灾难、背叛或巨大挫折而一蹶不振的人,也有愤怒和心怀怨恨的人,还有充满悔恨和内疚、羞耻和恐惧的人。人们想尽一切办法麻痹自己,试图忘记不幸福,但是每天醒来依然感觉不幸福。

同时,我也见证了无数的幸福。有人收获了爱情和友情,有人发挥自己的天赋和能力干出一番美好的事业;有人从无私奉献中获得回报,甚至为萍水相逢的陌生人捐出了一个肾;有人在精神层面上的追求给他们的生活带来了更丰富的意义;有人被给予了第二次机会。

不幸福的嘉宾通常会引起观众的同情，而幸福的嘉宾则会赢得观众的敬佩（也许还有一点儿羡慕和嫉妒）。还有第三类嘉宾，这些人完全有理由不快乐，但他们却没有这样做。观众不知道他们是怎么做到的，却由衷地受到启发。他们是能把不喜欢的柠檬做成柠檬水的人，是能看到一线生机和光明一面的人，是能把半杯水看作已经装满了一半的人。这让我想起了马蒂·斯特帕尼克和他的家人。马蒂·斯特帕尼克是一个患有自主神经失调线粒体肌病的男孩，这是一种罕见的致命性肌肉萎缩症。但是他却能够在万事万物中找到内心的平静，在经历一次次风暴后依然能愉快地玩耍。他写得一手好诗，睿智过人，是我在节目之外结识的第一位嘉宾。我称他为我的"天使"。

一个身患致命疾病的男孩怎会如此幸福？有一位母亲也是如此，甚至在生命垂危的时候，她依然能够内心满怀平静、意义感和愉悦，为年仅 6 岁的女儿录制了数百盘语音磁带，教导女儿如何好好生活。还有一位来自津巴布韦的女性，她 11 岁结婚，每天遭受毒打，但她并没有向绝望的命运低头，而是坚守希望，默默制定目标，并最终实现了这些目标——包括取得博士学位。

这些人是怎么做到有勇气起床的？更别提成为如此闪闪发光的榜样了。他们是怎么做到的？他们生来就是如此吗？是不是有什么值得全世界的人学习的秘诀或者成长模式？如果真的有这样的东西，相信我，全世界的人都想知道。在我做《奥普拉脱口秀》的

25年中,如果说有一件事让所有观众都关注,那就是对幸福的渴望。正如我之前提到过的,每次节目结束之后,我都会和观众聊天,我经常问他们在生活中最想要的是什么。他们会异口同声地说:"想要幸福。"只想过得幸福,只要幸福就足够了。

不过,我之前也提到过,当我问起人们什么是幸福的时候,他们突然就不太确定了。他们会支支吾吾,最后说"体重减掉几磅",或者"有足够的钱付账单",又或者"我的孩子——我只希望孩子能够幸福"。由此可见,人们拥有目标和希望,但是无法勾勒出幸福的具体模样,很少有人能给出真正的答案。

答案就在本书里,因为阿瑟·C. 布鲁克斯已经学习、研究和实践了这个答案。

我最早是通过阿瑟在《大西洋月刊》上的热门专栏"如何打造人生"认识他的。在新冠疫情期间,我开始看这个专栏,很快它就成为我每周期待的读物,因为它讲述了我一直以来最关心的话题:活出有目标、有意义的人生。后来,我又看了阿瑟的《中年觉醒》这本书,这是一本让你随着年龄增长而变得更加快乐的非凡指南。这个男人简直说出了我的心声。

显然,我得找他聊一聊。当我这么做的时候,我立刻意识到,如果我一直做《奥普拉脱口秀》，那么我会一直找他聊——几乎我们讨论的每个话题，他都能贡献出密切相关且具有启发性的内容。阿瑟对幸福的含义流露出一种自信和笃定，这既令人欣慰，又振奋人心。他能够既宽泛又非常具体地谈论我多年以来一直在讨论的事情：如何成长为最好的自己，如何成为一个更好的人。所以从一开始我就知道，最终我一定会以某种方式与他合作。本书就是我们的一次合作。

来自阿瑟的寄语

"你一定天生就是一个非常幸福的人。"

我经常听别人这么说。这么说也有道理：我在哈佛大学讲授关于幸福的课程，在《大西洋月刊》上撰写和幸福相关的专栏，同时也在世界各地讲授有关幸福的科学。因此人们总是觉得，我一定拥有获得快乐的天赋，就像职业篮球运动员必然是天赋异禀的运动健将。我很幸运，对吧？

但是，幸福并不像篮球。要成为一名幸福专家，并不能靠天生的幸福感。恰恰相反，天生幸福感高的人几乎不会去研究幸福，因为对他们来说，幸福并不需要研究或者思考，研究幸福就像是研究空气。

事实上，我写作、演讲和教授有关幸福的内容，正是因为它对我而言天生就很难，而我想要获得更多幸福。我的幸福感基线（指的是如果我不去学习和研究它的情况下我所处的幸福感水平）是显著低于平均水平的。然而，我并没有遭受过巨大的创伤或者不同寻常的痛苦折磨，也不需要任何人为我感到难过。这只是家族的遗传：我的祖父就很郁郁寡欢；我的父亲很焦虑；到我这里，我既容易抑郁又容易焦虑。关于这一点，可以问问和我结婚 32 年之久的妻子埃斯特尔。（当她看到这段描述时，边点头边说："是的。"）因此，作为一名社会科学家，我的工作不是做研究，而是自我探索。

如果你看本书的原因是你发现自己并不像你认为的那么幸福——无论是因为你正在为某些具体的事情而苦恼，还是因为你只是"看起来"过得不错，但实际上却心力交瘁——那么，你就是和我最有共鸣的那类人。

25 年前，当我作为一名博士生开始研究幸福这个主题的时候，我并不太确定学术知识是否会对我有所帮助。我担心幸福并不是能以某种有意义的方式进行改变的东西。我想，也许幸福就像天文学那样，你可以了解关于星星的知识，却无法改变它们。事实上，在很长一段时间里，我的学识对我并没有太大帮助。我懂很多知识，但它们并不实用，只是让我观察到了哪些人是最幸福的，哪些人是最不幸福的。

10 年前，在我人生中一段特别黑暗和风雨飘摇的时间里，埃斯特尔问了我一个问题，彻底改变了我的想法。她说："你为什么不用那些复杂的研究，来看看是否有办法改变自己的习惯呢？"很简单，对吧？出于某些原因，我当时根本没有意识到这一点，但我愿意去尝试。我开始花更多的时间观察自己的幸福感水平，找出其中的规律。我探究了自己痛苦的本质，以及自己可能从中获得的成长。我根据这些信息设置了一系列的实验，尝试做了一些事情，比如罗列一张感恩清单、做更多的祈祷，以及在自己感到悲伤和愤怒（经常发生）的时候采取和自己当下的情绪倾向相反的行为。

这样做的实际效果非常好，我甚至还在运营一家大型非营利组织的工作之余，开始在《纽约时报》上撰写有关幸福及其在生活中应用的文章，向更多人分享这一切。越来越多的人联系我说，将幸福的科学转化为实用的建议对他们很有帮助。与此同时，我发现通过这种方式传授知识，不仅可以巩固我头脑中的知识，也让我变得更快乐。

显然，我想做更多的事情。于是我改变了自己的职业方向。55 岁那年，我辞掉了 CEO（首席执行官）的工作，计划去撰写有关幸福的文章，并演讲和教授有关如何获得幸福的科学。我首先为自己制定了一份简单的个人使命宣言：

> 我致力于运用科学和思想帮助大众，让大家在爱和幸福中

彼此联结。

我接受了哈佛大学的教授职位，开设了一门课程叫"幸福的科学"，上课名额很快就被学生们约满了。随后，我在《大西洋月刊》上开设了一个幸福主题的专栏，每周有数十万的读者阅读。我发挥自己的专业特长，阅读前沿的心理学、神经科学、经济学和哲学研究文献，每周探究一个新的幸福主题。然后，我把学到的东西在自己身上进行真实的实验。一旦实验成功，我就会把学到的东西教给学生们，并向广大读者公开。

随着时间的流逝，我看到自己的生活有了越来越多的进步和改变。我观察到了自己的大脑是如何处理负面情绪的，并学会了如何管理这些情绪，而不是试图摆脱它们。我开始把人际关系看作心与脑之间的相互作用，而不是什么不可捉摸的谜团。我开始学习最幸福的那群人的习惯，这些人里，有些是我在收集的信息里看到的，有些是我现实生活中的朋友（其中包括一个非常特别的人，你将在接下来的前言里看到这个人的故事）。与此同时，我开始了解到世界各地的人——有些我从未听说过，有些则非常有名——都在和我一起学习，看看是不是只要努力学习和应用这些知识，就可以提高自己的幸福指数。

在这些年里，自从开始改变自己的生活，我的幸福感得到了巨大的提升。大家留意到我笑得更多了，工作得更开心了，人际关系也比以前更好了。在学习了这些原则的学生群体、商业领袖和其他普通人身上，我也看到了这样的改善。他们中的许多人所经历的痛苦和失去是我从未面对过的，但他们却找到了幸福。

我仍然会面临很多糟糕的日子，也还有很长的路要走。但是今天，我可以和这些糟糕的日子共存，因为我知道如何从中获得成长。艰难的时刻总会来临，但我并不害怕，而且坚信自己在未来会有很大的进步。

有时我会回想起自己 35 岁或 45 岁时的样子，那时的我很少感到幸福，对未来有一种听天由命的感觉。如果 59 岁的我回到过去对自己说"你将学会如何变得更幸福，并把这些秘诀传授给其他人"，过去的我可能会觉得这个未来的自己一定是疯了。但事实却是，我变得更幸福，而不是疯了。

现在，我很荣幸能与我从年轻时就很钦佩的人合作——这个人就是奥普拉·温弗瑞，她用爱与幸福鼓舞了全世界数百万人。在第一次见面的时候，我们就意识到我们有着共同的使命，尽管我们追求这个使命的方式不同——我在学术界，而奥普拉在大众传媒领域。

我们在本书中的使命是将我们二人的工作结合在一起，向各行各业的人揭示这令人赞叹的幸福科学，让人们能够利用这门科学更好地生活和帮助他人。简而言之，我们致力于帮助你认识到，在生活的浪潮中，你并不是无助的。只要更深入地了解自己的心智和大脑是如何运作的，你就可以建立起你想要的生活，从你内在的情绪开始，向外延伸到你的家庭、友谊、工作和信仰。

这对我们有用，对你也会同样有用。

前言

把不喜欢的柠檬做成柠檬水

我是阿瑟,我的岳母名叫阿尔比娜·克韦多,我们亲如母子。此刻,她正躺在巴塞罗那一间小公寓的床上,过去的70多年她一直住在这里,卧室里朴素的装饰也从未改变:一面墙上挂着她的家乡加纳利群岛的照片,另一面墙上挂着一个简单的十字架。自从两年前摔了一跤,疼痛让她无法依靠自己起身和走路后,这间卧室就是她每天目光所及的全部。93岁的她知道,这将是她生命中的最后几个月。

阿尔比娜的身体很虚弱,但头脑却很清晰,对往事记忆犹新。她回忆起几十年以前的自己,那个时候的她年轻、漂亮、新婚宴尔;她也回想起和曾经的好朋友们在沙滩上聚会的日子，现在这些人都已经去世很久了。想起这些美好的时光，她笑了。

"我现在的生活和过去很不一样。"她说道，把头靠在枕头上，久久地望着窗外，陷入了沉思。接着，她转过头来说："我比那个时候快乐多了。"

看着我惊讶的表情，她解释道："我知道这听起来很奇怪，因为我现在的生活看起来惨淡无望，但这是我真实的感受。"她微笑着说："随着年龄的增长，我掌握了让自己变得更幸福的秘诀。"

我立刻竖起耳朵认真听。

我坐在阿尔比娜的床边，听她讲述了这一生所经历的磨难。20世纪30年代，还是个小女孩的她经历了残酷的西班牙内战，东躲西藏，经常挨饿，周围充满了死亡和痛苦。她的父亲因为担任了战败方的战地外科医生而被捕入狱，在监狱里度过了很多年。尽管如此，她始终认为自己的童年是幸福的，因为她的父母爱她，也彼此爱着，这份爱变成了最清晰的记忆。说到爱，关押在她父亲隔壁牢房里的那个男人还促成了她和未来丈夫的姻缘。

一切都挺顺利的，但好景不长，阿尔比娜的麻烦开始了。在她生了三个孩子之后，不称职的丈夫离开了她，还拒绝给孩子抚养费，这直接让一家人陷入了贫困。丈夫的背弃让她深感悲伤，而独自抚养孩子的压力又加重了这份悲伤，有时候她甚至都怀疑自己能否支撑下去。

好多年里，她都觉得自己被命运困住了，饱受折磨。她甚至觉得，只要上天发给她的这一手烂牌没有变化，她就没办法过上幸福的生活。接下来的每一天，她都窝在自己的小公寓里，一边望着窗外，一边以泪洗面。

这能怪她吗？让她痛苦不堪的贫穷和孤独并不是她一手造成的——这些磨难落到了她的头上，而她对此束手无策。她觉得只要周围的环境不变，她的不幸就会一直延续，美好的生活似乎离她很远。

在阿尔比娜45岁那年的某一天，她的命运发生了改变。她的人生观似乎转变了，甚至连身边的好友和家人都没明白怎么回事。这个改变并不是因为她突然不那么孤单了，或者她奇迹般变得有钱了。不知为什么，她不再寄希望于周围世界的改变，而是开始掌控自己的人生。

其中最明显的一个变化是她决定进入大学深造并立志成为一名教师。这并不是一件容易的事，她要和一群年龄不到她一半的同学一起没日没夜地学习，同时还得养家糊口。她每天都精疲力竭，但这却是一个成功的人生转折点。3年后，阿尔比娜以全班第一名的优异成绩完成了大学学业。

之后她踏上了自己热爱的职业道路，在一个经济落后的社区教书，为贫困儿童和家庭提供服务。她真正地成为自己，能够用自己赚的钱养活孩子，并认识了真心相待的朋友，这些朋友在她生命的最后一刻一直陪伴着她，在她的葬礼上失声痛哭。

十多年后，阿尔比娜任性的丈夫想重新回到她的身边，他们其实从来没有正式离婚。她考虑了一下，接受了丈夫的回归——不是因为她需要丈夫，而是因为她想要这份感情。她的丈夫发现阿尔比娜在他离开的14年里完全变了样：她更坚强，也更快乐了。他们再也没有分开，在他们的晚年，他也仿佛变了一个人，悉心照料着她。3年前，他去世了。"我们幸福地走过了54年的婚姻，"然后她笑着澄清道，"严格来说，是68年的婚姻。我把其中不幸福的14年去掉了。"

那时她已经93岁了，周围的环境再次限制了她，但她的幸福却不减反增。不只是我一个人注意到了这一点，她身边的每一个人都惊叹于她身上那种随着年龄的增长而增加的幸福感。

阿尔比娜的生活在她45岁的时候突然发生了转变，她过上了美好的生活，并在此后的近50年里变得越来越幸福——其中的秘诀究竟是什么？

秘诀

有些人可能对阿尔比娜的故事不屑一顾，认为她的情况很罕见，也许她天生就拥有把不喜欢的柠檬做成柠檬水的能力。但她对生活的看法并不是与生俱来的，而是经过了后天的学习和培养。她并不是"天性乐观"，恰恰相反，她自己也说过，在做出重大改变之前，她有很长一段时间都郁郁寡欢。

也许有人会说，她只是非常善于"吹着口哨过墓地"——故作镇定地忽略生活中糟糕的一面。但事实并非如此。她从来都没有否认过坏事的发生，也从不假装自己并不痛苦。她清楚地知道，日渐衰老是一件很难面对的事，失去朋友和至亲会让人很悲伤，生病会很可怕和痛苦。她并不是通过逃避现实而变得更快乐的。

事实上，有三件事改变了阿尔比娜，让她获得了自由。

首先，在 40 多岁的某一天，她突然产生了一个简单的想法。之前的她一直以为要想变得更快乐，就必须改变外部世界，毕竟，她的问题来源于外部——命途多舛和别人的行为。这种想法在某种程度上是令人舒心的，但同时也让她处于一种悬停的状态。

她想，也许即便无法改变自己所处的境遇，也可以改变自己面对这些境遇时的反应。她无法决定这个世界会如何对待她，但也许她对自己的感受有一定的发言权。也许她不必等到生活中的困难或者痛苦减少了，才开始着手处理自己的事情。

曾经的她觉得生活中只有被逼无奈，自己被离家的丈夫、窘迫的经济状况和孩子的需求所摆布。然而，当她开始在生活中寻找可以自己做决定的机会时，原来那种绝望无助的情绪开始消退。她发现，她对生活的感受并不是由环境决定的，而是由自己决定的。

阿尔比娜说，在此之前，她一直觉得自己被困在一家糟糕的公司里，做着一份糟糕的工作。现在她醒悟过来，意识到自己一直都是公司的 CEO。这并不意味着她只要动动手指就能让一切变得完美——CEO 也有艰难的时刻——但这确实意味着她对自己的生活拥有很大的掌控力,并且未来可能会发生各种各样的好事。

基于这一认识,阿尔比娜采取了行动。她转移了自己的注意力,从寄希望于改变别人,转向她可以真正掌控的人:她自己。和其他人一样,她也会感受到负面情绪,但是她开始更有意识地选择如何应对这些情绪。她决定不再被原始情绪牵着鼻子走,尝试将不太富有成效的情绪转化为积极的情绪,如感恩、希望、同情和幽默。她还把注意力更多地放在周围的世界而不是自己的问题上。要做到这些并不容易,但是随着练习的增加,她掌握得越来越好,一段时间之后,一切都越来越自然。

最后,自我管理彻底解放了阿尔比娜,让她可以把精力放在构建更美好生活的4个支柱上:她的家庭、她的友谊、她的工作和她的信仰。当阿尔比娜可以成功地进行自我管理的时候,她就不再被生活中不断跳出来捣乱的危机所困扰。她不再被自己的情感所左右,选择与丈夫建立了一种新的关系,既不否认过去又行之有效;她与孩子们建立了爱的联结;她与他人建立了深厚的友谊;她找到了一份让自己有助人感的事业并获得了成功;她走上了属于自己的精神之路,还教会了其他人如何以这种方式生活。

经过这三步,阿尔比娜创造了她想要的生活。

路在前方

如果你对阿尔比娜的困境感同身受，或者觉得自己也需要提升幸福感，那么你并不孤单。美国正处于幸福感低潮期。仅仅在过去的 10 年中，表示自己"不太幸福"的美国人的比例就从 10% 上升到了 24%。[1] 美国人中抑郁症患者的比例正在急剧上升，尤其是在年轻人当中。[2] 与此同时，表示自己"非常幸福"的人群比例却从 36% 降低至 19%。[3] 这样的趋势在全球随处可见，甚至在新冠疫情开始之前就已经出现了。[4] 对于为什么会出现如此大规模的幸福感低潮，大家众说纷纭，例如批评技术的发展、两极分化的文化、文化变革、经济甚至政治因素。但不管怎样，我们都知道，这一切正在发生。

我们大多数人都没有让整个世界走出低潮的雄心壮志，我们只想帮助自己。但是，如果我们的困扰来自外部，如果我们感到愤怒、悲伤或孤独，需要别人对我们好一点，需要经济状况有所改善，需要运气有所转变，我们该怎么办呢？在问题被解决之前，我们只能心有不甘地等待，只能分散自己对一切不适的注意力。

本书就是要告诉你如何像阿尔比娜那样从这种困境中挣脱出来。你也同样可以成为自己生活的主宰，而不是一位旁观者。面对糟糕的生活境遇，你可以学着选择应对方式，选择让自己更幸福的情绪；即便是在时运不济的时候，你也可以选择不把精力浪费在琐碎的烦心事上，而是把精力放在能够给你带来持久幸福感和意义感的重要事项上。

你将学会如何以新的方式管理自己的生活。但是可能和你读过的其他书不一样（我们也读过那些书），本书不会劝你靠自己的力量振作起来。这不是一本关于意志力的书，而是有关知识和如何运用知识的书。就像如果你的车子出了故障，你不会用极大的意志力去解决——你会看看车主手册。同样，当你的幸福感出现问题的时候，你首先需要获得清晰、科学的信息，了解你的幸福感是如何运作的，进而指导自己在生活中使用这些信息。这就是本书的内容。

这也不是一本有关如何最小化或者消除痛苦的书——不论是你的痛苦还是别人的痛苦。生活会很艰难，对某些人来说尤其艰难，即使这一切并不是他们的错。如果你正处于痛苦之中，本书不会告诉你要等待痛苦消失，也不会让你和痛苦搏斗并消灭它。相反，本书将告诉你如何做出应对痛苦的决定，从中学习，并且在痛苦中成长。

最后，本书并不是解决你生活问题的速效药。对阿尔比娜来说，获得幸福需要努力和耐心，对你来说也是如此。阅读本书只是一个开始，书中提到的技能还需要不断练习。有些进步是立竿见影的，你周围的人很可能会注意到你的积极改变（并且会向你请教），而其他的经验则需要几个月或者几年的时间才能被你内化，成为你下意识的习惯。这并不是一个坏消息，因为自我管理和获得成长是一场有趣的冒险之旅。变得更幸福将是一种全新的生活方式。

创造自己想要的生活需要时间和努力，迟迟不开始行动意味着毫无意义地等待，会错过让自己和他人变得更幸福的时间。阿尔比娜不愿意这样——她不愿意在被动等待全宇宙改变的过程中错过她自己想要的生活。

如果你也受够了等待，那就开始行动吧。

第一部分

创造
你想要的生活

第一章

幸福不是目标，不幸福也不是敌人

2007年9月的一个晚上，在美国匹兹堡卡内基梅隆大学座无虚席的报告厅里，一位教授咧嘴大笑，这是他在那里的最后一次演讲。在回顾自己一生的工作，回顾如何发现其他人的优点、克服困难和充满激情地生活时，他的内心充满了喜悦。他精力充沛、活力四射，几乎无法控制自己，甚至在讲到兴头上时趴在地上做了一组单臂俯卧撑！[1]

这位教授名叫兰迪·波许，是著名的计算机科学家，深受卡内基梅隆大学师生的喜爱。你可能会认为，他在最后一次讲课时的喜悦是因为他要退休去加勒比海度假了，或者更有可能（他才47岁）是要去其他地方担任要职了，但事实并非如此。

这是兰迪教授的最后一次讲座，因为他已罹患胰腺癌晚期，生命仅剩最后的几个月。

来听这场讲座的人们并不知道主题是什么。是对生命之短暂的悲剧性回顾吗？还是一份遗憾清单？可以肯定的是，当晚的报告厅里很多人都流下了眼泪，但兰迪没有哭。他诙谐地说："如果我看起来没有那么沮丧或者消沉，抱歉，让你们失望了。"他的演讲是对生命的赞美，充满了爱与欢乐，他与朋友、同事、妻子和三个年幼的孩子一起分享了这些美好。

不可否认的是，兰迪是一个沉浸在巨大幸福感中的人。在那个9月的晚上，即使是最残酷的诊断结果也无法掩盖这个清楚的事实。在接下来的几个月里，在健康状况允许的情况下，他尽情地享受生活，通过全国的媒体（包括奥普拉的节目）激励大众，并在他的个人主页上公布他的健康状况和治疗细节，以及家庭大事记和许多个人的欢乐时刻。

2008年7月25日，兰迪·波许在家人和朋友的陪伴下与世长辞。

在生命最后的几个月里，兰迪做了一件我们大多数人都认为不可思议的事情：在生命中最艰难、最灰暗的时光，他让自己过得更加幸福。他是怎么做到的呢？

幸福的两个神话

想要幸福并不奇怪。"没有人不希望自己幸福。"[2] 神学家兼哲学家奥古斯丁在公元 426 年就提出了这样无须证据的论断。如果有人说"我不在乎是否幸福"，那么这个人要么是产生了错觉，要么是信口雌黄。

当人们说自己"想要幸福"时，是什么意思呢？通常有两层意思：第一层是表达自己想要获得（并保持）某种感受，比如快乐、愉悦或类似的感觉；第二层是表达获得这种感受时存在一些障碍——"我想要幸福"后面几乎总是跟着"但是……"。

来看几个例子。首先是克劳迪娅，她生活在纽约市，是一位办公室经理，35 岁的她已经和男友同居了 5 年。克劳迪娅觉得自己无法规划未来，比如住在哪里、是否要孩子、职业生涯如何发展。这一切让她很沮丧，也让她无所适从，深感悲伤和愤怒。她想要幸福，但她认为在男友下定决心之前，她无法幸福。

再来看看瑞安。他本以为上了大学就能交到一辈子的朋友，也能确定自己的职业目标。然而万万没想到，他走出校门后比入学时更加迷茫。现在，25 岁的他背负着数千美元的债务，频繁跳槽，感觉漫无目标。他期待着一个合适的契机出现，能让他感到幸福，同时还能让未来变得清晰。

接下来是刚满 50 岁的玛格丽特。10 年前，她认为自己一切都很顺利——孩子们都上高中了，她做着一份兼职工作，还积极参与社区活动。但是，自从孩子们纷纷离开家，她开始感到焦躁不安，对一切都不满意。她在 Zillow 网站上浏览各种房源，觉得搬家可能会对自己有帮助。她认为巨大的变化会带来幸福，但她不知道什么样的变化是有帮助的。

最后是特德。自从退休后，他就没有真正的朋友了，他和工作上认识的所有人都失去了联系。他已经离婚多年，子女们都已成年并专注于各自的家庭。有时候他会看看书，但是大部分时间都是窝在沙发上看电视打发时间。他认为，如果他有很多朋友，就会过得很幸福，但是他好像找不到这些朋友。

克劳迪娅、瑞安、玛格丽特和特德都是被日常琐事困扰的普通人，没有遭遇什么不寻常的困境或者丑闻（实际上他们是我们多次遇见过或者帮助过的综合案例）。每个人都在应对着日常生活中可能面临的普遍困扰，没有犯下大错，也没有愚蠢地冒险。他们对幸福和生活的信念是很正常的，但也是错误的。

克劳迪娅、瑞安、玛格丽特和特德都生活在"我想要幸福，但是……"的状态中。如果把这句话拆分一下，你会看到它基于两个信念：

1. 我能获得幸福……
2. ……但我所处的环境让我陷入不幸福。

虽然这两个信念听起来很有说服力，但实际上都是错误的。你无法获得幸福——尽管你可以变得更幸福。你所处的环境和你不幸福的根源并没有必要阻碍你。

当我们说"你无法获得幸福"时，意思是：寻找幸福就像寻找"黄金国"（El Dorado）。"黄金国"是一座传说中的南美黄金之城，从来没有人见过。当我们寻找幸福的时候，我们可能会短暂地感受到幸福的滋味，但它并不持久。人们纷纷谈论它，有些人声称自己拥有它，但那些全社会公认最能充分获得幸福的人——富有的、美貌的、有名气的、有权势的——似乎常常因为破产、个人丑闻和家庭纠纷而成为媒体关注的焦点。有些人确实比其他人拥有更多的幸福，但没有人可以始终如一地掌控它。

如果真的有绝对幸福的秘诀，我们应该早就找到它了。而且这将是一桩大生意，所谓的"秘诀"一定会在互联网上被疯狂售卖，在每一所学校里被讲授，而且很有可能受到政府的资助。但事实并非如此，这是不是有点奇怪？自从30万年前非洲出现智人以来，这是我们每个人都心心念念的东西，也是对所有人而言都遥不可及的东西。我们已经掌握了如何生火、造汽车、造登月飞船和制作TikTok短视频，人类拥有那么多的智慧，却依然没有掌握那些可以帮助我们获得和留住真正想要的东西的艺术和科学。

这是因为幸福不是一个终点，而是一个方向。即便到了天堂，我们也无法拥有完整而彻底的幸福。但是，我们每个人无论在生活中处于什么阶段，都可以不断地变得更幸福。

此生不可能彻底拥有幸福似乎是一个令人失望的消息，但事实并非如此，实际上这是有史以来最好的消息。这意味着我们总算可以停止寻找那座并不存在的迷失之城，从此一劳永逸。我们可以不再因为找不到或者留不住幸福而怀疑是不是自己出了什么问题。

我们也可以停止认为是个人原因导致自己没有获得幸福。没有什么积极环境可以带给我们所寻求的幸福状态，也没有什么负面环境会阻碍我们变得更幸福。事实是：即使遭遇了一些问题，你也可以变得更加幸福。有时候，你甚至恰恰会因为遭遇这些问题而变得更加幸福。

这两个错误的信念才是我们许多人陷入困境和痛不欲生的真正原因，而不是生活带给我们的东西导致了不幸福。人们想要根本不存在的东西，并且认为在扫清生活中的所有障碍之前，任何进步都是不可能的。这些差错源于一个错误的答案，这个答案用于回答一个听起来很天真的问题：什么是幸福？

什么是幸福

想象一下，你让一个人告诉你什么是汽车。她想了想你的问题，然后回答说："汽车就是……嗯，就是我坐在座椅上的感觉，但是这个座椅是我想去超市买东西时坐的。"听了这个回答，你会觉得她根本不懂什么叫汽车，当然也就不会把自己的车钥匙交给她。

接着，你问她什么是船。她想了一会儿说："它不是一辆汽车。"

这真的是一个很荒诞的场景。但奇怪的是，当我们让别人定义什么是幸福和不幸福的时候，得到的通常都是这样的回答。你可以自己试试看。你会得到类似这样的答案："幸福是……嗯，我想是一种感觉，比如我和我爱的人在一起或者我在做我喜欢的事情时的那种感觉。"那不幸福是什么呢？"不幸福就是缺乏幸福。"

人们无法获得更多幸福的最大原因是，他们甚至不知道自己想要提升的到底是什么。而他们感到自己困在不幸福中的原因是，他们无法定义什么是不幸福。如果这也是你的困境，不必太难过，大多数人都搞不清楚这些定义。他们会谈论感觉，也会使用一些隐晦的比喻，比如"我灵魂中的阳光"，这是一首古老的长老会赞美诗所称的幸福。[3]

即便是古代哲学家，也很难就幸福的定义达成一致。例如，看看伊壁鸠鲁和爱比克泰德之间的争论。

伊壁鸠鲁（公元前341—前270年）开创了一个以自己的名字命名的学派：伊壁鸠鲁主义。该学派认为幸福生活需要两样东西：静心（ataraxia，即不受精神困扰）和无痛（aponia，即没有身体疼痛）。他的哲学可以概括为"如果感到恐惧或者痛苦，那就回避它"。伊壁鸠鲁学派认为不适通常都是负面的，因此消除威胁和问题是让生活更幸福的关键。他们并不是懒惰或者不思进取，也不认为忍受恐惧和痛苦是理所应当或者有所裨益的，他们只是更注重享受生活。

爱比克泰德生活的时代比伊壁鸠鲁晚了300多年，他是最杰出的斯多葛学派哲学家之一。他认为幸福来自找到人生的目标、接受命运的安排，以及不考虑个人得失的道德行为。他对伊壁鸠鲁提出的享乐信念不屑一顾，他的哲学可以概括为"挺起脊梁，履行职责"。遵循斯多葛学派的人认为幸福是通过大量的牺牲获得的。这毫不奇怪，斯多葛学派往往都是勤奋工作的人，他们为未来而活，愿意为实现自己的人生目标（他们所认为的）而付出巨大的个人代价，毫无怨言。他们认为幸福的关键在于接纳痛苦和恐惧，而不是主动回避它们。

时至今日，人们仍然延续着伊壁鸠鲁学派和斯多葛学派的思路来分析问题：要么在感觉良好的享乐中寻找幸福，要么在履行责任的美德中寻找幸福。放眼全球，关于幸福的定义不断被扩展。比如，学者们发现东西方文化对于幸福的定义有所不同。[4] 在西方，幸福通常被定义为兴奋和成就；而在亚洲，幸福通常被定义为平静和满足。

幸福的定义甚至还取决于幸福这个词本身。在日耳曼语系中，幸福（happiness）的词根与好运或者好命有关。[5] 事实上，幸福这个词来自古挪威语"happ"，意思是"幸运"。[6] 在拉丁语系中，幸福一词源于"felicitas"，这个词在古罗马时期不仅指有好运气，还包含成长、丰饶和繁荣之意。[7] 其他语言中也有类似的词汇，如丹麦人经常用"hygge"来描述幸福，这个词的含义有点像是惬意和舒适的欢乐。[8]

如果幸福真的这么主观,甚至更糟糕地说,幸福只是某个特定时刻的感觉,那么我们就没有办法研究幸福,因为这就像试图把果冻钉在墙上一样。如果是这样,那么本书大概只有两个字的篇幅:好运。

幸好,我们今天可以做得更好。不同文化对于幸福的定义确实形形色色,这就是为什么你经常在新闻中看到国家之间的幸福感比较并不十分有用或者有说服力。事实上,你的感觉也和幸福感紧密相关,你的情绪会影响你的幸福感,而你的幸福感又会影响你所有的情绪。但这并不意味着对所有人而言,幸福没有什么恒定的要素,也不意味着幸福只是一种感觉。

定义幸福的一个好方法是看它的组成部分。如果非要给感恩节晚餐下个定义,你可能会列举出一道道菜肴——火鸡、馅料、红薯等等。如果你是一位好厨师,你可能会列出所有的配料。如果你是一位营养专家,你可能会说晚餐(实际上所有的食物)都是由碳水化合物、蛋白质和脂肪这三种宏量营养素组成的,想要做出一顿健康又美味的晚餐,需要保证这三者恰当的平衡。

同时,晚餐的香味也会弥漫整个房间。然而你应该不会说这香味就是晚餐,相反,你会说这香味是晚餐美味的证据。同样,快乐的感觉不是幸福,而是幸福的证据。幸福本身是实实在在的,就像晚餐一样，它可以被定义为三种"宏量营养素"的组合，你需要在生活中平衡和丰富这三种营养素。

组成幸福的"宏量营养素"分别是：享受、满足和目标。

首先是享受。这个词听起来是一种快乐的感觉——"感觉很好"。但这并不准确。快感可以是动物性的，享受则完全属于人类。快感产生于大脑中专门用来奖励特定活动（比如进食和性爱）的脑区，在很久以前这些活动有助于人类存活和传承基因。（如今，能带来快感的事物——从物质到行为——经常出现适应不良或者被滥用的情况，引发了各种各样的问题。）

享受带来了对快乐的渴望，并增加了两样重要的东西：交流和意识。比如，感恩节的晚餐在味道好、能填饱肚子的时候能带来快感，但当你与心爱的人共进晚餐并留下温暖的回忆时，才会带来享受，这调用了大脑中更多意识部分的参与。快感比享受更容易获得，但满足于快感是错误的，因为快感稍纵即逝，而且是孤独的。所有的成瘾都包含快感，而不是享受。

要想更幸福，你就不应该满足于快感，而应该把快感变成享受。当然，这需要付出一定的代价。享受需要投入时间和精力，这意味着放弃简单且易得的刺激，也意味着对渴望和诱惑说"不"。

有时候，获得享受是很难的。

幸福的第二大营养素是满足。满足是你达成自己为之努力的目标之后的那种兴奋，是你在学业中获得"A"或是在工作中获得晋升时的那种感觉，是你终于买了房或结了婚的那种感觉，是当你做了一件困难的事——甚至也许是痛苦的事——但达到了你的人生目标时所体会到的那种感觉。

满足是一种很棒的体验，但没有付出和牺牲就无法拥有满足感。如果你不为某事付出代价——哪怕只有一点点——你就不会感到满足。如果你为了考试复习了整整一周并取得了好成绩，你会感到很满足。但是如果你为了取得同样的成绩而作弊，除了做错事，你根本获得不了任何满足感。这就是为什么在生活中走捷径是一个糟糕透顶的策略——它破坏了你获得满足感的能力。

虽然满足能带来巨大的喜悦，但它也极其难以捉摸：你以为目标的达成会给你带来永久的满足感，但这种感觉显然只是暂时的。我们都知道滚石乐队在1965年的一首超级热门单曲《我无法得到满足》[（I Can't Get No）Satisfaction]，其实这种说法不准确，应该说：你可以得到满足，但是你无法一直保持满足感。我们拼命地努力奋斗，而一旦我们获得了那种喜悦，它立刻就会消散，这真的让人无比沮丧——甚至痛苦。这就是为什么，如歌手贾格尔唱的那样，我们努力、努力、再努力地去留住它。心理学家把这种行为称为"享乐主义跑步机"，在这种跑步机上，我们很快就会适应美好的事物，并且必须不停地跑啊跑，来保持满足感。[9] 对金钱、权力、享乐，以及声望（或名气）等世俗层面的事物来说，尤其如此。

第三大营养素——目标——是最重要的。我们可以暂时享受不到快乐，甚至也不用获得很多满足，但是如果没有目标，我们就会完全迷失，因为我们无法应对生活中不可避免的困惑和困境。只有当我们拥有意义感和目标感的时候，我们才能满怀希望、内心平静地面对生活。

然而，怀有强烈意义感的人往往能在痛苦中找到意义。这个论断来自精神病学家、犹太人大屠杀幸存者维克多·弗兰克尔，我们将在下一章里看到更多他的相关内容。他在经典回忆录《活出生命的意义》中写道："一个人若能接纳命运及其所附加的一切痛苦，并且肩负起自己的十字架，则即使身处最恶劣的环境中，照样有充分的机会去加深他生命的意义。"[10] 试图消除生活中的痛苦以获得快乐的常见策略是徒劳的，也是错误的；相反，我们必须解开生活的谜团，将痛苦化作成长的契机。

不幸福的作用

幸福是享受、满足和目标这三个元素的组合。要想变得更加幸福，就必须以一种平衡的方式获得更多这些元素——平衡意味着不应该只有一种元素而忽略其他。但是，如果你更加深入地探索，就会发现这三者都有一个很有趣的特点：它们都包含了一些不幸福之处。享受需要付出努力，放弃快感；满足需要牺牲，不能持久；目标几乎总是伴随着痛苦。换句话说，要想变得幸福，我们就必须接受生活中的不幸福，并且理解：不幸福并不是我们幸福的障碍。

不是只有你觉得这听起来很反直觉。直到20世纪，人们普遍认为不幸福就是缺乏幸福，就像光明和黑暗一样区别明显。心理学家认为，积极情绪和消极情绪存在于一个连续谱上。比方说，如果你在经历失去或创伤之后，随着时间的推移，感觉"不那么糟糕了"，也就意味着你感觉"越来越好了"。[11]

如果你想变得更加幸福，那么你就需要减少不幸福感。如果你的幸福感在降低，那你的不幸福感就在增加。

然而，事实上，与幸福和不幸福相关的情绪是可以共存的。现代心理学研究表明，积极情绪和消极情绪实际上是可以分离的，因此我们可以得出这样的结论：并不是在没有不幸福的情绪时，才能感到幸福。[12]（别忘了，幸福和与之相关的感受并不是一回事，但是这两者就像晚餐和晚餐的香味那样同时出现。）积极情绪和消极情绪可以各自独立地被同时感受到，也可以快速地连续出现。一些神经科学家认为，幸福和不幸福的感受在很大程度上与大脑不同半球的活动相对应。消极的情绪与左半边脸的表情一致，而积极情绪与右半边脸的表情一致。[13]

人们通常认为自己的感受是一种混合体。"我感觉很好"的意思是幸福大于不幸福。然而，当被要求描述自己的感受时，他们能相当准确地区分出自己的积极情绪和消极情绪。例如，研究人员在一项实验中发现，人们在大约90%的时间里能够识别出自己的情绪。[14]他们将自己的感受归类为纯粹积极的时间约占41%，纯粹消极感受的时间约占16%，其余的（约33%）则介于积极和消极之间。总的来说，人们平均在大约一半的时间里能识别到一些消极情绪，而识别到积极情绪的时间大约占3/4。

在一项实验中，研究者要求人们回顾自己的一整天，并思考自己从每项活动中获得了多少积极或者消极的"影响"，即他们从每项活动中获得的感受，而不是将两种情绪混合在一起。[15]一般来说，人们的积极情绪多于消极情绪，但这在很大程度上取决于活动内容。他们在有些活动（如社交）中的积极情绪很高，消极情绪很低；在有些活动（如照顾孩子或工作）中则两种情绪兼而有之。消极情绪最高而积极情绪最低的活动是通勤和与老板相处（显然，最好不要和老板一起上下班）。

这一切意味着，你可以同时拥有较高的幸福感和较高的不幸福感，反之亦然。两者并不互相依存。这听起来也许是很细枝末节的差异，实际上却是至关重要的一点。如果你认为自己必须先消除不幸福感，才能开始变得更加幸福，那么你就会被日常生活中再正常不过的消极情绪牵制，也会错过了解真正成为自己的机会。

测试你的情绪水平

我们每个人都有与生俱来的幸福和不幸福的组合，这取决于我们的成长环境和性格特征，而我们要做的是让这个组合达到最佳效果。要做到这一点，首要任务就是了解我们当前的状况。

有一种方法可以考量你与生俱来的幸福和不幸福组合，即采用"正性负性情绪量表"（Positive and Negative Affect Schedule，简称 PANAS），来测量你的积极情绪和消极情绪水平，以及与其他人测量结果的比较。PANAS 用于测量积极和消极情绪的强度和频率，由美国南卫理工会大学和明尼苏达大学的三位心理学家于 1988 年编制。[16] PANAS 可以测出你的积极和消极情绪状态比平均值更高还是更低。

要进行这个测验，你最好选择一个生活中处于相对中性状态的时间，比如午饭后。不要选择你异常紧张或者比平常更开心的时候。这个测验会让你选择对一系列情绪的感受程度。回答通常针对一般情况或者平均水平，而不是此时此刻的情绪状态。

针对每种情绪，你有 5 个可选择的答案：

1= 极少或完全没有		2= 比较少
3= 中等程度	4= 比较多	5= 极多

用这个计分方式，对下面的 20 种情绪打分：

1. 感兴趣的
2. 心烦的
3. 精神活力高的
4. 心神不宁的
5. 劲头足的
6. 内疚的
7. 恐惧的
8. 怀有敌意的
9. 热情的

10. 自豪的 ☐
11. 易怒的 ☐
12. 警觉性高的 ☐
13. 害羞的 ☐
14. 备受鼓舞的 ☐
15. 紧张的 ☐
16. 意志坚定的 ☐
17. 注意力集中的 ☐
18. 坐立不安的 ☐
19. 有活力的 ☐
20. 害怕的 ☐

现在，将1、3、5、9、10、12、14、16、17和19项的得分相加，计算出你的积极情绪。将2、4、6、7、8、11、13、15、18和20项的得分相加，计算出你的消极情绪。

除非你的情况非常特殊，积极情绪和消极情绪的得分都刚好处于平均水平（积极情感约35分，消极情感约18分），否则你最后的得分会进入图1所示的四个象限中的一个。[17] 如果你的积极情绪高于平均水平，同时消极情绪也高于平均水平，那么你就是"疯狂科学家"中的一员，你的内心总是被各种事情吸引而蠢蠢欲动。如果你的积极情绪和消极情绪均低于平均水平，那么你就是一个清醒而冷静的"法官"。"啦啦队长"的积极情绪高于平均水平，消极情绪低于平均水平，这类人凡事都会赞美其美好的一面，而不沉溺于坏的一面。"诗人"的积极情绪低于平均水平，消极情绪高于平均水平，他们难以享受美好的事物，总觉得危机四伏。

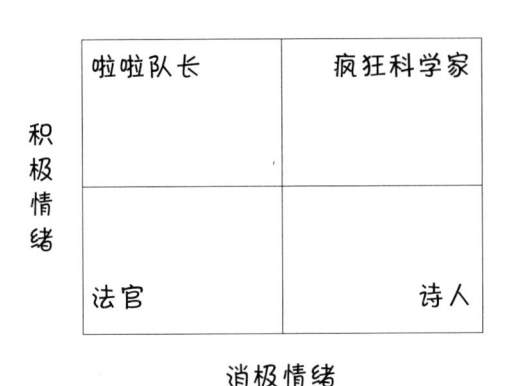

积极情绪	啦啦队长	疯狂科学家
	法官	诗人

消极情绪

图1　基于积极情绪和消极情绪组合的四类人

好了，我们知道，你希望自己属于"啦啦队长"那个象限。但是我们不可能都是"啦啦队长"，这个世界也需要其他类型的人。仔细想想，你可能就会意识到，如果每个人都只看到事物美好的一面，那将是一场噩梦，因为我们会一而再再而三地犯同样的错误。"诗人"的视角和创造力弥足珍贵（而且每个人穿黑色高领毛衣都很好看）。有了"疯狂科学家"的参与，生活会变得更加有趣。而"法官"的存在，能够让我们避免因冲动而自毁前程。

你在生活中扮演着独特的角色，你的情绪组合类型是一份礼物。但不管你属于哪种类型，你都有提高生活幸福感的空间。要做到这一点，你必须了解自己与生俱来的幸福感组合，管理好自己，然后发挥自己的优势。举例来说，假设你是"疯狂科学家"，你会对生活中的所有事情产生非常强烈的反应，不管是好事还是坏事。这可能会让你成为众人瞩目的焦点，但同时也会让你的亲友和同事感到疲惫。你需要了解这一点，并学会控制自己强烈的情绪和反应。

也许你是"法官"，面对压力时沉着冷静，非常适合从事外科医生或间谍之类的工作（或者任何以保持头脑清醒为优势的工作，比如教导青少年），但和朋友或者家人在一起时，有时可能会显得不太热情。了解这些也许会对你有帮助，这样一来，为了身边其他人的感受着想，在工作中你可以有意地在原来的基础上增加一些激情。

或许你是"诗人"。当所有人都说一切都很好时，你会说："别着急。"这一点很重要，因为不管是从字面还是从比喻意义上来说，都可以挽救生命——"诗人"会比其他人更早发现问题。但这会让你变得悲观，很难与人相处，而且你很可能会有一些抑郁的倾向。你需要学会让你的评估变得更有希望，而不是过于灾难化。

即便是"啦啦队长",也需要进行情绪的自我管理。每个人都乐于当"啦啦队长",但请记住,你可能会回避坏消息,也很难传递坏消息。这并不总是一件好事!你需要在这方面下点功夫,这样你才能告诉人们真相,也能更加准确地看待生活中的万事万物,而不是在事实并非如此的情况下还在说一切都会好起来。

了解自己的 PANAS 特征类型(你与生俱来的幸福和不幸福组合)可以帮助你变得更加幸福,因为它会告诉你如何管理自己的情绪。但当我们把这两个方面分开的时候,它也生动地指出,你的幸福并不取决于你的不幸福。PANAS 测验能够为每个人赋能,通过使用这个工具,很多人第一次理解了自己,发现自己并没有什么怪异之处,也没什么问题。比如,很多人多年以来一直认为自己有缺陷,因为和周围其他人相比,他们自己会体验到更多的消极情绪,也很难像其他人那样充满激情。他们现在知道了自己只不过是"诗人"而已,而这个世界需要"诗人"。

欣赏负面的感受

你应该如何看待你的不幸福呢?首先,你应该感谢它。人类的大脑专门为处理消极情绪预留了空间。[18] 而且幸亏有这个功能:消极情绪不仅能帮助我们获得享受、满足和目标,还能保障我们的生存。威胁更有可能伤害我们,而不是帮助我们,这就是为什么你不会接受一个简单的掷硬币赌注,这个赌注要么让你的存款翻倍,要么让你彻底破产。事实上,如果你有一个长远的储蓄计划,你可能连九赔一赔率的赌注都不愿意接受,因为 1/10 全盘皆输的可能性太可怕了,让人不敢面对。

因此,与快乐的情绪相比,我们更习惯处理不快乐的情绪,从而保证我们的安全和对危险的警觉。这种现象被称为"负面偏差"(negativity bias)。[19] 消极情绪还能帮助我们吸取宝贵的经验教训,从而避免一错再错。这是已故的心理治疗师埃米·古特的观点,她的研究表明,负面感受可以帮助我们应对外界环境中的问题,引导我们给予适当的关注并提出解决方案。[20] 换句话说,当我们对一些事情感到悲伤或愤怒的时候,可能会更愿意去解决它。从长远来看,这么做当然也会让我们更加幸福。

例如,我们来看看后悔。没有人会享受人生中的后悔。有些人宣称自己不会有任何后悔(甚至在身上文上"永不后悔"的字样),从而让自己更幸福。的确,如果不加分析和应对,后悔可能会变成幸福的毒药。强迫性后悔与抑郁和焦虑紧密相关,尤其是在爱反复思考的人中普遍存在:他们会日复一日地过度后悔,就像在日常生活中切开了一个深深的口子。[21] 太多的后悔甚至会影响你的激素水平和免疫系统。[22]

但走向另一个极端则更加糟糕。消除后悔并不能让你走上自由之路，反而会让你一次又一次犯同样的错误。真正的自由需要我们在生活中摆正后悔的位置，从中吸取教训，而不是任由它压垮我们。

尽管后悔会让人很不舒服，但它却是一种让人惊叹的认知技能。这个过程需要你回到过去的情景中，想象自己采取了不同的行动来改变它，并在脑海中浮现出新的情景，想象出一个不同的现在，然后将这个虚构的现在与你体验到的现实进行对比。举个例子，如果今天你和伴侣的关系恶化了，你的遗憾可能会把你带到去年的这个时候。你会想起自己的小心眼和烦躁易怒，然后想象自己在关键时刻表现出更多的耐心和善意，而不是伤害。随后，你会快进到今天，看到一段蓬勃发展而不是奄奄一息的亲密关系。

这个过程充分说明了为什么后悔虽然让人不舒服，却能让人学到东西。正如《憾动力》一书的作者丹尼尔·平克所说，"如果我们能够正确地面对后悔，我们的决策会更敏锐，同时也能改善我们的表现"[23]。与其让自己困在失败关系的阴影中痛苦，不切实际地期待不一样的结果，不如诚实地告诉自己哪里出了问题，并运用这些知识和经验在未来经营更好的关系。

不幸福可以帮助我们的另外一个生活领域就是创造力。艺术家们多多少少都有些阴郁，并以在黑暗中寻找灵感而闻名——难怪那些具备较低的积极情感和较高的消极情感组合特征的人会被称为"诗人"。著名诗人约翰·济慈曾写道："你难道不明白吗？一个充满痛苦和烦恼的世界对于培养智慧之人有多么重要，正是这些赋予了人类灵魂。"[24]

科学家们发现济慈是对的。有一项研究甚至测量了不幸福对艺术家工作效率的影响，研究对象包括作曲家贝多芬，他在健康（逐渐失聪）和家庭（他是侄子卡尔的监护人，但他与卡尔的关系非常糟糕）方面遭遇挫折后，创作力最为旺盛。[25] 研究发现，像贝多芬这样的伟大作曲家，悲伤情绪每增加37%，会平均多创作一首代表作品。

出现这一结果的原因在于，当人们悲伤的时候，会把注意力集中在生活中不愉快的部分。这往往会刺激大脑的腹外侧前额叶皮质，让我们集中精力解决其他复杂的问题，比如写一份商业计划书、一本书、一首交响乐，或者找到解决复杂生活问题的方案。[26]

一些心理学家认为，最佳的不幸福程度是在一个群体中处于刚刚够我们称之为"第二快乐"的位置。2007年，一组研究人员要求大学生用"不幸福"到"非常幸福"的量尺对自己的净幸福感进行评分。[27] 就像很多测量一般幸福感的评估工具一样，这个测验旨在测量"幸福感减去不幸福感"。研究人员将结果与参与者的学业成绩（绩点、缺勤情况）和社会指标（密友的数量、约会时间）进行了比较。虽然"非常幸福"的参与者拥有最好的社交生活，但他们的学业成绩却要逊色于那些只是表达"幸福"的参与者。

研究人员随后考察了另外一项研究的数据，该研究对新入学学生的"快乐程度"进行了评分，并在随后的近 20 年对他们的收入水平进行了追踪。研究发现，1976 年报告显示最快乐的那些人到了 1995 年并不是收入最高的那群人；收入最高的殊荣再次属于快乐程度为第二高的群体，他们将自己的快乐程度评价为"高于平均水平"，但并不在前 10% 的人群之内。

好吧，你可能会说，最幸福的人并不是赚钱最多的人——你可能会接受这个现实。但其他研究表明，出现这种结果是因为缺乏谨慎；既然消极情绪可以帮助我们评估威胁，那么太多的好心情会让我们忽略这些威胁也就合情合理。事实上，单纯的积极情绪的最高水平与酗酒、滥用药物和暴饮暴食等危险行为有关。[28] 今朝有酒今朝醉，后患无穷。

最重要的一点是：没有不快乐，你就无法生存、学习或者想出好主意。即便你能摆脱不快乐，那也将是一个巨大的错误。最佳的人生秘诀就是接纳你的不幸福（这样你才能学习和成长），同时处理好由此产生的感受。

享受蜂蜜的同时，不忘感恩蜜蜂

想要看清楚我们的生活，从问题中解脱出来，看到未来的可能性，我们需要采用一种不同于大多数人的视角来看待幸福和不幸福：幸福不是目标，不幸福也不是敌人。（当然，我们在这里讨论的不是焦虑症和抑郁症等医学问题，这些达到临床诊断标准的疾病是需要干预和治疗的。我们这里指的是每个人在生活中都会遇到的痛苦和烦恼。）

并不是说我们应该回避美好的感受，或者说我们想要减少不快乐的做法是愚蠢的。恰恰相反，渴望更多的快乐和更少的悲伤是很自然和正常的。但是，把追求积极情绪和消除消极情绪作为最高目标或者唯一目标，是一种代价高昂且适得其反的人生策略。绝对的幸福是不可能实现的（至少无法在这纷扰的尘世间实现），一味追求幸福对我们此生的成就而言是危险和有害的。更重要的是，这样做会牺牲很多构成美好生活的要素。

也许你有一些困惑，想知道我们是不是在建议你自讨苦吃。不，我们没有这个意思，你也完全没必要这么做，因为痛苦必然会找上你，也不会放过其他人。关键是，我们每个人都可以努力过上丰富多彩的生活，在这个过程中，我们不仅可以享受美味的蜂蜜，还可以欣赏负责采集蜂蜜的蜜蜂。这不仅仅是思维方式的转变，更是一种全新的生活方式，充满了你前所未见的机会。通过无畏地拥抱生活，你可以管理好自己的情绪。一旦做到了这一点，你就可以自由地建立起生活的支柱，确保你的人生道路通往更加幸福的方向。

理解幸福和不幸福分别意味着什么是很有必要的，这也是为什么我们要从这个话题开始。但这只是创造更好生活的第一步。第二步是管理我们的积极情绪和消极情绪，从而让我们变得更强大和更聪慧，不会浪费时间被生活中我们不喜欢的部分分散了注意力。我们将在接下来的三章中论述这一点。

第二部分

管理
你的情绪

来自奥普拉的寄语

我觉得最幸福的时光是坐在树下读一本好书；或是在篝火前小憩，与我的爱犬相互依偎；或是寒冷的雨天，在温暖的厨房里忙忙碌碌，为一顿丰盛的炖菜准备食材。这种美好的体验有一部分来自一种深刻而强烈的感觉，即我所需要的一切都在那里。而这也是本书给我们上的重要一课。如果你想让自己变得更加幸福，其实你已经拥有了你所需要的一切，这一切就在你的内心，在任何时刻，在此时此刻，就在今天。

最后这句话包含了我们已经学到的两件事。首先，关于更加幸福——这是一种相对的、情境化的、流动的状态，而不是某种完美不变的、超脱一切烦恼的极乐境界。其次，更加幸福不是一种存在状态，而是一种行动状态——不是你等待和希望的事情，而是一个你积极为之努力的可实现的改变。

阿瑟老师很好地定义了他使用的术语，这也是我钦佩他的地方之一。我相信你会发现本书对你很有帮助，原因之一是它给了你一种讨论幸福（或者更进一步说是思考幸福）的语言。有了语言，对我们大多数人来说抽象而模糊的概念就会变得具体得多，我们可以去理解它，可以从不同角度思考它，可以实验它，还可以和它一起玩耍。你会学到一些科学术语（比如"行为抑制系统"）。在幸福这一特殊语境下，你也会重新学习一些非常熟悉的词（乐观与希望、同情与关怀）。你还会了解到几个"阿瑟主义"的概念，这些概念非常有用，也特别吸引人，比如"情绪咖啡因"和"无用的朋友"。

但是，你将学到的最有价值的一句话是："你的情绪是向你有意识的大脑发出的信号，告诉你有事情正在发生，需要你关注和采取行动——这就是情绪的全部内容。如果你选择运用你的意识大脑，那么它将决定你如何应对自己的情绪。"你应该把这些话贴在冰箱上，或者裱起来挂在墙上，每天看5~10遍。再强调一遍：你的情绪只是信号，你可以决定如何回应它们。情绪就像是一个人拍拍你的肩膀，用手肘推推你，但要怎么回应，完全取决于你自己。

你明白这意味着什么了吧？过去也许你总是觉得被自己的感受淹没，总是觉得沦为了这些感受的俘虏，总是觉得这些感受在掌握方向盘，而你能做的只有系上安全带——你再也不必这样生活了，你可以采用一些策略夺回自己的方向盘。正如阿瑟阐述的那样，这并不意味着你再也不用面对愤怒、恐惧、嫉妒、悲伤或失望，但关键在于：你能够应对它们了。你感受着自己的感受，然后掌握着自己的方向盘，你可以决定如何应对。

我一生中最艰难的一段时间是在 1998 年，当时我被起诉，与人对簿公堂。你可能听说过这件事：我被得克萨斯州的牛肉生产商起诉，起因是我说了一些有关汉堡包的话。现在来看，我并不是因为自己的人生而接受审判，即便判决结果不符合我的意愿，我也不必进监狱。尽管如此，惹上官司依然是一次充满挑战和令人精疲力竭的经历。这个过程既紧张又艰难，被冤枉的感觉非常糟糕。

然而，回首往事，我想说在阿马里洛的六周时间里，我完全有理由感到幸福。我指的是我自己界定的幸福，即满意。根据阿瑟在上一章中分享的性格测试，我是"法官"——我通常不会有超高的情绪高峰或者超低的情绪低谷。（顺带说一句，阿瑟是"疯狂科学家"。事实证明，我们这种组合能打造一支出色的团队，因为"法官"和"疯狂科学家"可以很好地互补。）

在艰难的境遇中还能让自己感到满意是很棒的一件事。就好像你有一个收支账本：在减号栏里可能有一些困难、糟糕或不愉快的事情，但还有一个加号栏。在阿马里洛，我的加号栏里有很多善良的人，他们每天早上都在法院门口为我送上祝福。我还住进了一家提供早餐的民宿，那里很干净，有一张舒适的床，每天晚上我都可以洗个热水澡，冰箱里还有派（对我来说，派的意义重大，这不是开玩笑）。我心爱的可卡犬索菲和所罗门也陪在我身边。每天下午5点庭审结束之后，我都会继续工作，录制脱口秀节目。

尽管我身处困境，但在那家民宿里，我拥有我所需要的一切，包括我最需要的东西：感恩。这是我想极力分享给正在经历考验的所有人的一种情感（我们每个人都会面临各种考验），也是阿瑟将在下一章里谈到的一种情感。在你阅读的过程中，我衷心地送你几句奥普拉寄语：感受你的感受，然后掌握自己的方向盘，变得更加幸福。

第二章

元认知的力量

上一章里我们提到了维克多·弗兰克尔,他经历了我们大多数人都无法想象的遭遇。他是一名来自奥地利的犹太人精神病学家,与亲人一起被捕,并被德国人驱逐到纳粹集中营,在那里熬过了近4年,直到战争结束。[1] 在被捕的全家人中,他是唯一幸存者,他的父亲、母亲、妻子和兄弟都死了。他本人多次死里逃生,遭受了非人的折磨。

在获释之后,弗兰克尔回到了他在维也纳的家中。1946年,他出版了关于自己在集中营生活的一本回忆录。这是一本全球畅销书,也是一本关于苦难中的希望的编年史。这本书激励着世界各地的一代又一代人,它传递给大家一个朴素的信息:即使在最糟糕的境遇下，也可以用美好的方式生活。

弗兰克尔所传达的信息并不是说生活会自动变得美好，这显然是不可能的；也不是说我们可以运用某种特殊的心理技巧来逃避痛苦。他坦言，每个人的生命中都会经历痛苦，有些人的痛苦可能要比其他人多得多。作为一名精神病学家，他理解我们对痛苦的反应是消极情绪，这是很自然的。但糟糕的生活不是我们的宿命，因为我们可以选择如何应对自己的情绪。用弗兰克尔的话来说就是："人所拥有的任何东西都可以被剥夺，唯有人性的自由——在任何情况下选择自己的态度和生活方式的自由——是无法被剥夺的。"

换句话说，你无法选择你的感受，但是你可以选择自己对感受的反应。他想表达的意思是，如果有人抛弃了你，你会感到悲伤和愤怒，但你可以选择是否因此受折磨，这会影响你恢复的速度。如果你爱的人生病了，你肯定会很担心，但你可以选择如何表达这种担心，以及它如何影响你的生活。

感受之于你的生活和事业，就像天气之于建筑公司。下雨、下雪或者天气异常炎热，都会影响公司的正常运转。但公司对天气的正确反应不应该是试图改变天气（这是不可能的），也不是希望天气变得不一样（这也无济于事），而是制定应对恶劣天气的应急方案，时刻做好准备，以适合具体某一天天气状况的方式来管理工作任务。

这种对天气的管理过程就叫作"元认知"。元认知（概念上指的是"关于思考的思考"）是指有意识地体验自己的情绪，将它们与自己的行为区分开来，并拒绝被情绪控制。[2]

对元认知的认识从理解什么是情绪以及情绪如何发挥作用开始。基于这些理解，你可以学习一些基本策略来重建自己现在和过去的情绪。经过一段时间的练习，你就能够做到不再让情绪左右自己的行为，有意识地成为一个对自己负责的成年人。

大脑的情绪感受

在上一章里，我们阐述了幸福和不幸福与积极感受和消极感受不是一回事。但是，感受与幸福和不幸福紧密相关，是我们每天都会直接体验到的东西。如果不对感受加以管理，它就会混乱失控，让我们很难或者无法变得更加幸福。我们可以继续用食物和食物的味道来打比方。虽然食物本身是最重要的，但如果味道不对，这顿饭也就毁了。因此，虽然我们谈到了情绪，也使用PANAS量表评估了你的情感水平，但还是需要更深入地探索情绪科学。

对情绪最基础的理解始于神经科学家保罗·D. 麦克莱恩在 20 世纪 70 年代提出的"三位一体大脑"(Triune Brain)理论[3]。如果你听说过这个理论,那可能是因为著名物理学家卡尔·萨根的著作和 20 世纪 80 年代一档名为《宇宙》(Consmo)的热门电视节目使这一观点声名鹊起。这一理论认为,人类大脑的进化经历了数百万年,分为三个不同的阶段。

根据麦克莱恩的说法,最古老的部分是脑干,有时也被称为爬行脑,因为它负责的功能即便是蜥蜴也能做到,比如调节本能行为和运动功能。第二个是边缘系统,即古哺乳动物脑,它将基本刺激转化为我们能够感受到的情绪,向我们发出信号以告诉我们周围发生了什么,以及我们应该如何反应。最后是新皮质,麦克莱恩认为新皮质是最后出现的脑结构,也是最符合人类或新哺乳动物特征的大脑结构。这部分大脑结构负责决策、知觉、判断和语言功能。

很多最新的研究表明,将大脑区分为三个部分并不准确,因为我们并不清楚每一部分是何时进化来的,而且功能也没有划分得那么清晰。[4] 例如,边缘系统主要负责我们认为"发生在我们身上"的感觉,而新皮质并不纯粹是分析性的,它以复杂的方式参与我们对环境的情绪反应。

在不陷入有关进化和特定大脑功能的技术科学争论的情况下，我们依然可以认为你的大脑参与了一系列的三项功能以保证你的生存和发展。

1. 探测。你所处的环境中发生了一些事情。例如，当你穿过一个十字路口时，一辆汽车（相当于现代社会的大型捕食者）正向你飞驰而来。在你完全意识到这一点之前，眼睛的视网膜（你头骨以外的大脑的一部分）就对图像进行了处理，并将信息发送到位于你头部后下方枕叶的大脑视皮质。[5]

2. 反应。你的杏仁核（位于大脑深处的边缘系统的一部分）接收到你的安全受到威胁的信号，并将其转化为"恐惧"这一主要情绪。整个过程大约在 0.074 秒内发生。[6] 紧接着，杏仁核通过下丘脑（也是边缘系统的一部分）向垂体发送信号，垂体是位于大脑中下部的一个豌豆状器官。这会让肾脏下方的肾上腺分泌压力激素，使你的心脏怦怦直跳并让你做出闪电般快速的反应——从马路上跳开。同时，中脑导水管周围灰质也会接收到杏仁核的信号，让你的身体动起来。[7]

3. 决策。与此同时，你的前额叶皮质（你额头后面的一大块脑组织）获得了此刻正在发生什么的信号。你的脑干和边缘系统已经救了你一命，但现在你必须有意识地决定如何应对。一笑置之？还是挥起拳头？你可以运用你的前额叶皮质来做出决策——通过识别由压力激素引起的身体内在感受可以改变这个决策。

在这种情况下，恐惧情绪挽救了你的生命。请记住，不幸福是重要的，因为它可以帮助我们学习和成长。同样，消极情绪也很重要，因为它告诉我们如何以一种有助于我们生存和发展的方式对世界做出反应。消极情绪可以保护我们免受捕食者等的威胁；积极情绪则会奖励我们所需要的东西，比如美味的食物。当神经科学家看到《星际迷航》中斯波克这个角色时——他是长相和人类相似的瓦肯人，不会表达情绪或者对情感做出反应——他们嘲笑说这样的人活不过一周。

这就是我们为什么要感谢消极情绪的最基本的论据。下次当你因为消极情绪而后悔，希望自己没有这些感受时，想想这一点。消极情绪带来的体验并不好，但这恰恰是重点。吸引你的注意力，让你采取行动，这就是消极情绪保护你的方式。

原始情绪和复合情绪

人有两种情绪：原始情绪（有时候也称为基本情绪）和复合情绪。

前者可以被单独感受到，也可以组合起来形成后者。神经科学家对原始积极情绪的确切分类存在分歧——神经科学是一个相对新兴的研究领域，因此神经科学家在很多问题上都尚未达成一致的结论。但大家普遍认为，原始消极情绪主要包括悲伤、愤怒、厌恶和恐惧。[8]这些情绪里没有一种是让人舒适的，但它们具有保护作用。恐惧和愤怒帮助我们通过战斗或逃跑来应对威胁；厌恶让我们避免接触某些东西，从而提醒我们远离病原体；悲伤让我们想要避免失去我们需要的人或事（这也让我们理解了哀伤，这是一种无法找回所爱之人的心理痛苦）。

当然，这些情绪都可能出现适应不良。例如，害怕被他人拒绝是一种进化而来的特质，因为在过去被他人拒绝意味着被赶出自己所在的部落，在冰天雪地的荒野流浪，孤独终老，而今天你可能会因为别人在社交媒体上批评你而产生类似被拒绝的感受。恶心这种特质可以帮助你在吃腐烂食物之前就闻到难闻的气味，而今天，在政客的鼓励下，你可能会对政治上与你意见相左的人产生厌恶感。这就是为什么我们需要学习如何管理自己的情绪，从而过上更好的生活。

积极情绪通常包括喜悦，心理学家将其定义为"一种极度快乐、愉悦或欣喜的感觉……源于一种幸福感或者满足感"[9]。这是一种强烈的愉快感受，但稍纵即逝。这个理解与许多宗教思想家所定义的喜悦差异巨大，后者更多的是一种因为与上帝的关联而产生的持久的内心满足，基督徒将其定义为"圣灵的果实"，这是一种超越世俗环境的幸福感。

对神经科学家和心理学家而言，喜悦是对自己达成目标或获得想要的东西的一种奖赏，它能让你继续为生活中的事情而努力，让你活下去并有希望找到伴侣。正如你所看到的，积极情绪和消极情绪是类似的，它会驱动我们去追求一些事情而不是把我们推开。

一些研究人员将兴趣列为另外一种积极的原始情绪。兴趣令人愉悦，人类讨厌无聊，喜爱有趣。当然，不同的人兴趣各异。有些人觉得足球有趣、棒球无聊，有些人喜欢看科学纪录片，有些人则对烹饪节目着迷。尽管存在个体差异，但人类之所以拥有这种情绪，是因为人类在学习新事物时会不断进步和走向繁荣。因此，进化过程会偏爱这些热爱学习的人，并将愉悦的体验作为一种奖赏。

复合情绪包括羞耻、内疚和蔑视，它们包含了各种原始情绪，就像鸡尾酒一样将原始情绪混合在一起。例如，蔑视是认为某人或某事完全没有价值，它实际上是愤怒和厌恶的混合体。这种情绪可以帮助你避免在社会中遭遇可怕的事情，但你也可以想象到，如果因为别人的宗教信仰而蔑视他们，会有多么糟糕——这也是需要去应对的。

元认知：管理你的情绪

你的情绪是发送给意识大脑的信号，告诉你有事情正在发生，需要你去关注并且采取行动——这就是情绪所包含的全部内容。如果你选择运用你的意识大脑，它将决定你如何对情绪做出反应。可以将元认知看成是把你的情绪体验从大脑的边缘系统转移至前额叶皮质的过程。打个比方，这个过程就像是把石油从油井（你的边缘系统）运送到石油精炼厂（前额叶皮质），在那里，石油可以被制造成你想使用的东西。

我们都有过类似的感受：生气时大发雷霆，但事后又觉得抱歉，或者遇到害怕的事情时忍不住大声尖叫，然后又觉得很尴尬。你可能会说这些表现很"真实"，但这也是缺乏元认知的表现。当你告诉正在发脾气的孩子"好好说话！"时，你是在告诉她要有元认知：使用前额叶皮质，而不仅仅是边缘系统。同样，元认知就是当你生气时被教导要学会的事：在说任何话之前，先数到10。这么做正是在为你的前额叶皮质争取时间，让它可以赶上边缘系统的反应，从而决定如何应对。社会科学家把那些不假思索就自动做出反应的人称为"边缘人"，现在你知道为什么了吧。

顺便说一句，数到 10 的建议可以更加精确一些。托马斯·杰斐逊曾写道："生气的时候，数到 10 再说话；如果非常生气，那就数到 100。"[10] 换句话说，数数的时间越长，你就越生气，或者你的总体自控水平就越低。心理学家提供了一个很棒的经验法则，即等待 30 秒的同时在头脑中想象说话的后果。[11] 假设你在工作中收到一封来自客户的邮件，里面充满了辱骂和冒犯你的内容，你看了之后想立刻写一封信愤然反击。等一下，先不要着急回复，而是慢慢数到 30，想象你的领导正在阅读你们的往来邮件（她可能真的会看），然后想象一下她读完你的回复之后和你面对面谈话的情形。这样一来，你的反应将会改善很多，因为回复这封邮件时你调用了前额叶皮质，而不是你的边缘系统。

元认知并不意味着你可以避免消极感受。相反，它意味着你可以理解它们，从中吸取教训，并确保它们不会导致破坏性的行为，而这正是它们变成你生活中痛苦根源的主要原因。一时的恐惧并不是什么大问题，它甚至可以是一个有意思的数据——记住，糟糕的感受是很正常且无害的。如果恐惧让你的行为充满敌意或胆怯，从而无端伤害了自己和他人，那么恐惧才会成为问题。

现在，让我们想办法把这些观点应用到我们的生活中吧。

当你无法改变世界时，改变你体验世界的方式

每个人——即使是我们当中最有优越感的人——都有想要改变的生活境况。正如公元 6 世纪初罗马哲学家波爱修斯所说："一个人富可敌国，却因出身卑微而蒙羞；另一个人高贵显赫，却因贫穷而窘迫，宁愿默默无闻；第三个人兼具前两者的优势，却哀叹未婚生活的孤独。"[12]

有时候，改变环境是可以做到的。如果你讨厌自己的工作，通常可以换一份新的工作；如果你身陷一段糟糕的恋爱关系，你可以尝试改善或者离开这段关系。但有时改变环境是不现实甚至不可能的。也许你讨厌居住地的天气，但你在那里有家人，也有一份好工作，所以你不可能选择离开。也许你被诊断出患有某种慢性疾病，却没有有效的治疗方案；也许你的恋人弃你而去，而你却无法挽回对方；也许你不喜欢自己身体的某些地方，却无法改变；也许你甚至身陷囹圄。

此时，元认知可以发挥作用，救你于水火之中。在你周围的环境条件和你对它们的反应之间，有一个思考和决策的空间。在这个空间里，你拥有自由。你可以选择尝试重塑世界，也可以从改变对世界的反应开始做起。

改变你体验消极情绪的方式比改变你周围的物理现实要容易得多，即使这种方式看起来并不自然。在你兴高采烈的时候，情绪似乎不受你的控制，在你身处危机时更是如此——这正是管理情绪能带给你最大益处的时候。情绪失控的出现有一部分要归咎于生物学，正如你刚刚读到的，愤怒和恐惧等消极情绪会激活杏仁核，从而提高对威胁的警惕性，加强你发现和规避危险的能力。换句话说，压力会让你做出战斗、逃跑或装死的反应，而不是思考："此时此刻，比较谨慎的反应是什么？让我们考虑一下各种选项吧。"这在进化上很有意义：50万年以前，花时间管理自己的情绪会让你沦为老虎的午餐。

然而，到了现代社会，压力和焦虑往往是长期的，而不是突发性的。[13] 可能你不再需要杏仁核绕过意识大脑的参与来帮助你逃脱老虎的追捕，而是变成需要用它来处理那些整天困扰着你的非致命问题。例如，工作让你倍感压力，或者你和伴侣相处得不太融洽。即便没有老虎追着你跑，你依然无法在洞穴里放松，因为这些日常琐事一直困扰着你。

因此，在现代生活中，长期的压力往往会导致适应不良的应对机制，这一点儿也不奇怪。[14] 这些不良应对方式包括滥用药物和酗酒、对压力源进行反思、自我伤害和自我苛责。这些应对方式从长远来看不仅无法缓解问题，反而会通过上瘾、抑郁和不断加重的焦虑，使你的问题进一步复杂化。以上这些应对技巧都在试图改变外在的世界——至少是你所感知的世界。酗酒的人经常说，喝下去的几杯酒就像开关一样关掉了一天的焦虑，问题（暂时）不那么具有威胁性了。

元认知则提供了一个更好、更健康、更持久的解决方案。想想你因为受到周围环境刺激而产生的情绪，就像它们发生在别人身上一样，去观察和接纳它们。为了确保自己完全意识到这一切，可以把它们写下来，然后考虑如何不基于自己的负面情绪，而是根据自己生活中喜欢的结果来选择反应。

举个例子，假设你从事着一份让你很郁闷的工作，你感到无聊、压力很大，而你的老板也没什么能力。每天回到家，你都会感到疲惫和沮丧，你通过喝很多酒、看很多无聊的电视节目来分散注意力。明天开始你可以尝试一个新策略。白天工作的时候，每隔一小时就花几分钟时间，问自己一句"我感觉怎么样？"，把答案写下来。下班后，记录一下自己一整天的经历和感受，同时也写下你对这些感受的反应，以及哪些反应更有建设性，哪些反应没有建设性。这样做两周之后，你会发现自己更有掌控感了，行动也更有成效。你还会开始思考如何能更好地管理外部的环境，也许可以制定一个更新简历的时间表，向一些人征求与就业市场相关的建议，然后你可能真的会开始寻找新的工作机会。（在本章的最后,我们将提供更多类似的经验。)

原来,罗马哲学家波爱修斯就是这方面的大师,而且他所处的环境比你我都要糟糕得多。事实上,他的境遇和维克多·弗兰克尔不相上下。公元 524 年,波爱修斯被指控密谋反对东哥特王国的国王狄奥多里克一世。这个指控是子虚乌有的,但最终他还是被处决了。[15] 他在等待处决的牢房里写下了本节开头引用的那段文字。波爱修斯无法改变他不公平的处境。然而,他能够改变也确实改变了自己对环境的态度。"没有什么是可悲的,只是思考让它变成了可悲,"他写道,"反过来说,如果心平气和地承受,每件事情都是幸福的。"[16] 将这一点铭记于心并付诸行动是提高幸福感的最大秘诀之一,但这不一定是秘密。如果波爱修斯能够运用元认知,那我们也可以。

如果你不喜欢自己的过去,那就改写它吧

你可以管理不良情绪,并决定如何应对糟糕的环境。但不好的记忆呢?我们无法改变它们,对吗?错,元认知赋予了我们改变的力量。

1841 年,美国哲学家拉尔夫·沃尔多·爱默生在他的著作《自立》(*Self-Reliance*)中写道:"在家里,我梦想着在那不勒

斯……我可以沉醉于美好，忘却悲伤。"[17] "我收拾行囊，拥抱朋友，登船远航，最后在那不勒斯醒来。"听起来太棒了！但他接着说："伴随着我的是严峻的事实，是我所逃避的那个无情的、没有变化的、悲伤的自己。"你无法逃避你的过去，因为它就在你的脑海里，和你一起走向未来。你的记忆是你在那不勒斯打开的第一件随身行李。

你无法改变历史，但是你可以改变对它的看法。仅次于时光机的方法就是利用元认知改写你的记忆故事，让你在穿越现在和未来时，将往事留在你肩膀上的负担减轻一点。

人类天生就是时间旅行者。事实上，科学家已经发现，我们精确地保留着过去的记忆，以便于我们展望和预测未来。[18] 想象一下，有一个你很想去但从未去过的西班牙海滩，你脑海中关于这个海滩的画面可能和去年去过的佛罗里达州的海滩十分相似。这一惊人的过程解释了为什么人类这个物种可以如此成功：过去的事件相当于送给我们一个水晶球，我们可以用它来决定做什么和不做什么。

现代神经科学表明，记忆更多的是重建而不是提取。每当我们回忆过去，大脑的好几个部分（包括角回和海马）就会把储存的各种信息拼凑在一起形成记忆。[19] 这个过程堪称生物学上的奇迹，但是也容易随着时间的推移而发生变化，正如研究人员在过去几十年中通过各种方式所证明的那样。例如，1986年"挑战者号"航天飞机爆炸后不久，两位心理学家要求大学生详细回忆他们是如何听说这一事件的。[20] 30个月之后，他们向同样的学生提出了同样的问题。在93%的受访者中，尽管他们对各种细节记忆犹新，并且对自己的记忆力信心十足，但是他们两次所叙述的并不一致。如果你和你妹妹在回忆某一次感恩节时出现分歧，你可能也会有类似的体验。

你的记忆之所以会发生改变，是因为你会根据当前的自我叙事，从记忆片段中建构过去事件的故事。[21] 你从过去的岁月中理解自己是谁，以及为什么你要做现在正在做的事情。为了让过去的信息与你当前的境况、朋友和事业相适应，你会无意识地改述你的历史。

你不断变化的回忆并不一定是不准确的；确切地说，它是由部分细节组合而成的，而每次你掸去记忆的灰尘时，你所记得的确切细节都会发生变化。你和你妹妹可能只是记得感恩节晚餐的不同细节，而这些记忆又强化了你们当下不同的状况：她说这一天被玛吉姑妈毁了（她现在和玛吉姑妈的关系不好）；而你（现在和姑妈感情很深）会说在餐桌上发生了一些小争执，但并不伤感情。

为你想要的生活

你回忆起的有关过去事件的具体细节通常与你当前的情绪状态相吻合。例如，研究人员观察到，当你感到恐惧时，你会倾向于建构以威胁来源为重点的记忆；而且在回忆过去时，你会比往常更多地回忆起那些让你受伤害的具体事情。[22] 相反，如果你今天很开心，你的记忆可能会更加广泛和笼统。这两组记忆都不是错误的，它们只是根据当前的情绪以不同的方式重新建构了而已。

你当前的情况和感受会影响你重建记忆的方式，这一事实可以给你很大的力量去改变你对过去的理解。如果你有意识地采用更加积极的方式重新建构过去，它可以帮助你做出对未来的决定——做出有益于自己的改变，而不是为了过上更好的生活而随意改变你的现在。

下次当你想对自己的生活做出积极改变的时候，不要把想象力局限在改变风景或周围的人身上。可以从你的生活背景开始，从那些可能让你焦躁不安的事情开始。也许你想通过搬家来逃离这座城市，你在这里度过了数月因为新冠疫情而导致城市停摆的煎熬时光——这些也许让你感到与人隔绝和孤独，或者伤害了你的人际关系，所以你才想搬家。在你上 Zillow 网站之前，请先审视一下那些痛苦的回忆，不要任由这些记忆肆意蔓延。相反，可以想一想你在家里度过的甜美时光，在新冠疫情初期那些充满不确定的日子里你所得到的善意，以及你从自己身上学到的经验。也许最终你还是会决定前往那不勒斯，但不管你是去是留，你有意识地进行整理的过往将成为你很好的旅伴。

元认知训练

元认知需要练习，尤其是你以前从来都没有想过运用元认知的话。有四种实用的入门练习方法。

第一种方法是，当你体验到强烈的情绪时，简单观察自己的感受。佛陀曾经教导过他的追随者，想要管理情绪的话，就必须把它们当成是发生在别人身上那样来观察。[23] 通过这种方式，你就能有意识地理解它们，让它们自然消逝，而不是让它们变成具有破坏性的东西。例如，当你和自己的伴侣或朋友发生强烈分歧并且感到愤怒时，不妨试试坐下来安静一会儿，体会你正在经历的感受，想象它们从你的边缘系统进入你的前额叶皮质。在那里，观察愤怒，就像它发生在别人身上一样。然后对自己说："我不是这个愤怒。它无法掌控我，也无法替我做出决定。"这会让你更加平静，更加有力量。

接下来是第二种方法，正如我们之前简单提到过的，记录下你的情绪。你可能已经留意到，当你心烦意乱时，如果写下自己的感受，你会立刻感觉好一些。实际上，写日记是获得元认知的最佳方法之一，因为它会迫使你将不成熟的感受转化为具体的想法，而这个动作需要前额叶皮质的参与。[24] 这反过来又会增加你对情绪的了解和调节，从而给你一种掌控感。最近的研究清楚地展示了这一点。在一项研究中，被安排书写结构化自我反思日记的大学生能够更好地理解和调节他们对于校园生活的感受。[25]

具体而言，如果你对所有需要做的事情都感到焦头烂额，那么要是没有元认知，你就无法在头脑中将这些问题组织起来。你的边缘系统是用来发警报的，而不是用来列待办清单的。在忙碌的一天里，先喝杯咖啡，然后平静地按照重要程度列出你需要做的事情。这时你的前额叶皮质主管这个过程，你会感到更有掌控力。你也会更加镇定自若地决定哪些事情要在今天搞定，哪些事情可以留到明天去做，甚至哪些事情你可能打算……永远不做。

再举个例子。假设你正处在一段你不满意的关系中，不要马上就做出对抗性（边缘系统被激活）的战斗反应，相反，花几天时间尽可能准确地记录下正在发生的事情以及你对此做出的反应。然后，根据对方可能做出的不同反应，写下你可能做出的各种有利反应。你会发现，即使依然感觉无法修复你们的关系，你也会变得更加冷静，能更好地应对这种情况。

第三种方法是，除了消极情绪的记忆库，还要建立积极情绪的记忆库。情绪和记忆存在一个反馈回路：糟糕的记忆引发糟糕的情绪，而糟糕的情绪又会导致你重新建构糟糕的记忆。如果你处在边缘系统被高度激活的状态下，你的大脑可能会告诉你一切都很糟糕，并且永远都不会变好了。这肯定大错特错，如果你有意识地唤起更幸福的回忆，就能打断这种灾难循环。研究人员发现，让人们回想过去快乐的事情可以改善他们的情绪。[26] 你还可以通过有计划地写日记的方式记录下对你来说很幸福的回忆，当你情绪低落或者失控的时候翻看这些日记，也会获得同样的益处。

第四种方法是在生活的艰难经历中寻找意义，并从中学习。每个人的生命历程中都有非常真实的糟糕回忆，我们并不是建议你去努力重建一个抹除糟糕回忆的过去或者粉饰太平。在有些情况下，这是不可能做到的——因为这些回忆太痛苦了。此外，一些可怕的回忆能够指引我们的学习和成长，或者让我们避免重蹈覆辙。

我们可以试着系统地看一看这些痛苦的记忆是如何帮助自己学习和成长的。研究者们发现，当人们以寻找意义和完善自我为明确目标而对自己的困难经历进行反思时，他们往往会提出更好的建议，做出更好的决定，更高效地解决问题。[27]

在你的日记中，为痛苦的经历留出一栏，当痛苦发生后马上把它们记录下来，并在这一栏下面留两行空白。一个月之后，重新打开日记本，在第一行的空白处写下在这段时间里你从这次糟糕的经历中学到了什么。六个月之后，在第二行的空白处写下这件事最终带来的积极一面。你会惊奇地发现，这个练习改变了你对过去的看法。

举个例子，假设你失去了一个升职的机会，显然你会感到失望和受伤，然后你要么想要向朋友吐槽，要么想赶紧把这件事情忘掉。在你这么做之前，先在日记里写下"升职被拒"并标注日期。一个月之后再看一遍，记录下你学习到的有建设性的东西，比如"才过了五天，我就没那么失落了"。六个月之后，再回来写下一些对自己有帮助的内容，比如"我开始寻找新工作，并且找到了一份我更加喜欢的工作"。

现在，选择你想要的情绪

当谈到情绪时，我们大多数人其实拥有比自己想象中更为强大的力量。我们不必被自己的情绪所左右；我们也不必希望明天是快乐的一天，这样我们才能享受生命；也不必因为担心消极情绪会让幸福荡然无存而恐惧它们。情绪如何影响我们，以及我们如何对其做出回应，可以由我们自己来决定。

我们的决定也不仅仅止步于此。很多时候，我们还可以选择情绪本身，因为对眼前的情况有不止一种合理的感受。当然，这并不是说当我们所爱之人去世时，我们可以或者应该感受到快乐，这当然不合时宜；而是说在很多时候，有两种情绪选择与我们所面临的情境相匹配，其中一种比另外一种更有利于我们（和他人）的幸福。下一章将揭示如何看到更好的选择并抓住它。

第三章

选择一种更好的情绪

你很可能经常以某种形式摄入咖啡因。大多数的美国人都是如此。[1] 到目前为止，咖啡因是我们社会中使用最广泛的药物之一。

你有没有思考过咖啡因是如何起作用的？当你摄入咖啡因时，它会迅速进入你的大脑，在那里与一种叫作"腺苷"的化学物质竞争。腺苷是一种神经调质，它能将信号从大脑的一个部位传递到另一个部位。一个神经元发射出信号，然后另一个神经元的受体（与腺苷分子的大小完全吻合）将其吸入，以获取其中包含的关于你会产生什么感觉的信息。[2]

腺苷的作用是，当它进入受体时让你感觉疲倦。在漫长的一天结束时，你会产生大量的腺苷，这样你就知道睡觉的时间快到了，是时候休息一下了。如果你睡得不够好（或者即使你睡得很好），早上仍然会残留一些腺苷，让你感觉昏昏沉沉。这就是咖啡因发挥作用之处。这种分子的形状与腺苷几乎一模一样，因此它能和腺苷的受体相结合。于是，当腺苷出现让你犯困或者感到疲劳的时候，它无法与受体结合，因为咖啡因已经"鸠占鹊巢"啦。事实上，咖啡因并不能让你精神振奋，它只能防止你昏昏欲睡。有了足够的咖啡因，几乎就不会有腺苷能够和受体结合，因此你就不会感到疲劳和紧张不安。

大多数人摄入咖啡因是因为他们不喜欢自己自然而然感受到的感觉，希望在情绪和工作中都获得更好的结果。咖啡因的作用是用一种分子替代另外一种分子。

咖啡因提供了一个很好的隐喻，这也是情绪自我管理的下一个原则：你通常不必接受你一开始就感受到的情绪。相反，你可以用自己想要的一种更好的情绪来替换最初的情绪。

在任何时刻产生的情绪都是为了对你产生一定的影响，而这种影响是大脑认为合适的影响。举个例子，在交通堵塞时有司机挤在了你的车道上，你的大脑会将这种情况解释为一个让你发火的好理由。它会激活你的杏仁核，让你准备好与对方打一架，或者至少可以辱骂一下。

但也许你并不想这么做，因为你不想毁了自己一大早的好心情，也不想让孩子看到你的失态。你知道这么做的话，事后你肯定会感到羞耻。

于是，你想要抑制这种感觉，换一种方式来行动——这种方式可能并不那么自然，但会给你带来更好的结果。像遇到粗鲁的司机这种情况，并不是让你去妨碍其他司机或者给对方一个飞吻，而是不必大发雷霆，淡然处之即可。

请记住，摆脱消极情绪既不可能，也不可取。你需要愤怒、悲伤、恐惧和厌恶，就像你需要腺苷才能在晚上入睡和在白天放松。但有时你想用咖啡因来代替一部分腺苷，有时你想用同样的方法来代替一些消极情绪——用一些更合适、更具有建设性的方式来暂时占据你的情感受体，引导你按照自己想要的方式来行动，而不是按照你的感受来行动。

本章将为你介绍四种方法。这里我们应该注意，要做到这一点并不像喝一杯咖啡那么容易和简单。一开始，选择一种情绪并不是一种自然的反应。我们从小就知道，当磕破大脚趾的时候，我们会说"哎哟"而不是"谢谢"。情绪替换是一种需要练习的技能，而不是一下子就能改变一切的洞察力。通过练习和努力，这种技能会变成一种下意识的反应，而且你会爱上它带来的结果。

在日常中心怀感恩

回想一下你上一次在工作中接受绩效评估或者在学校里接受写作评价的情景。也许这是很积极的体验：你获得了很多赞美和夸奖。但其中有一条轻微的批评……就像玫瑰上的小刺。你的注意力会被它吸引，对吗？你知道评价的总体情况是好的，但是老板或者老师的那句批评会让你对这一切都产生怀疑。你知道这个反应很蠢，但它就是会让你烦恼好多天。

之所以会这样，是因为大自然赐予你一份小礼物，叫作负面偏差：倾向于关注消极信息，而不是积极信息。[3] 原因很简单：赞美固然令人愉悦，但如果我们忽视它，并不会产生什么后果。但要是我们对批评置若罔闻，放在几千年前，可能意味着被驱逐出部落。如今，这可能意味着丢掉工作或者与朋友发生冲突。所以，我们自然而然就会更关注消极信息。

对远古的穴居人来说，这可能是一种维持生存的好方法，但对当今的现实社会而言，通常却是一种扭曲。你可能坐在飞机的头等舱，却仅仅因为咖啡有点凉而感到恼火。或许今天的生活和你小时候相比，各方面都好了很多，但你会发现我们似乎仍然总是在抱怨。

此外，人们并不善于区分重要和不重要的消极信息。从情绪上来看，在交通堵塞时一个陌生司机辱骂你（这并不重要）给你带来的感受和收到一封来自美国国税局的信件（这可能很重要）时你所感受到的是一样的。这是因为你的负面偏差"敏感度"过高。你需要把它调低，这样你才能区分出消极信息之间的差别，并且只把注意力放在极少数重要的信息上。

如果你想把握生活中真实的美好事物，减少那些让人难以分辨真实威胁和琐碎威胁的噪声，最好的办法就是用不同的、积极的感受代替一些消极情绪。在这些积极感受中，最有效的就是感恩。

很多人认为外在环境是让他们拥有感恩之情的原因，这可能会让他们误以为在不顺心的时候感恩遥不可及。这是错误的处理方式。感恩并不是一种因为外在环境而产生的感觉，它是一种生活实践。即便你觉得自己现在没什么想要感恩的，你也可以——并且应该——去感恩。

研究表明，你可以通过选择专注于生活中你怀有感激之情的事物而不是消极的事物来唤起感恩——这些事物我们每个人都拥有。

例如，在 2018 年发表的一篇论文里，4 名心理学家将 153 名受试者随机分成几组，让这些人要么回忆自己感激的事情，要么思考一些不相关的事情。[4] 研究结果令人惊讶：回忆感激事情的小组所体验到的积极情绪比对照组高出 5 倍之多。

科学家们研究了为什么感恩之情能如此可靠地提升积极情绪，并提供了几种解释。它能刺激内侧前额叶皮质，这是大脑奖赏回路的一部分。[5] 感恩能够让我们更有复原力，通过加强浪漫关系增进人和人之间的联结感，改善友谊质量，并在共渡难关时期建立持久的家庭关系。[6] 它还能改善很多健康指标，比如血压和饮食情况。[7]

感恩也会让我们成为更好的人。大约 2000 年前，古罗马哲学家西塞罗写道，感恩"不仅是最伟大的美德，也是其他美德之母"。[8] 现代研究表明，西塞罗的说法颇有道理。感恩可以让我们对他人更加慷慨，更有耐心，以及更少地陷入物质享乐主义。[9]

想一想你自己心怀感恩时是如何对待别人的，你就会立刻明白这一点。例如，当你在升职加薪之后走进一家咖啡馆，肯定会对咖啡师格外友善。

开始练习感恩的最好方法是把它写进你用来提升元认知能力的日

记里。你的日记里应该特别列出过去让你感恩的事情（例如，其他人对你的友善和爱），这样你就不会忘记这些事情。在2012年，一项调研了近3000人的研究发现，当人们同意"我一生中有很多值得感恩的事情"和"我对各种各样的人心怀感恩"这两种说法时，他们会体验到积极的情绪，抑郁症状也会减轻。[10] 每天或者至少每周，经常看看这些让你心怀感恩的回忆，能让你记住并训练你的大脑在困难时刻自动想起这些回忆。

有一点要注意：不要假装对那些你实际上并不感恩的事情心怀感恩。你不需要摇下车窗，感谢那个粗鲁的司机如此恶劣。你也不应该把"带状疱疹的痛苦经历"列在你的感恩清单上；即便如此，你依然在努力感恩。强迫自己感恩会削弱你感恩的动力——想一想小时候被迫说"谢谢"或者写感谢信的情景，并想一想当时你是否真的心怀感恩。[11] 接纳那些你并不真正感激的事情，感谢那些你真正感恩的事情。

感恩是一种很好用的日常通用策略，但是你也可以在消极情绪很强烈的时刻运用它，以获得一种即刻的缓解，尤其是你面对非常害怕的场景时。比方说，你有一个难以面对的家庭聚会。在参加聚会之前，花点时间思考一下你真正感恩的事情，这些事情与聚会完全无关。将你的注意力集中在你最珍视的友谊、你喜欢的工作或者你身体健康这一事实上。这将有助于培养你处于一种感恩和更幸福的心态中，从而更容易享受当前的情境。

让感恩变得更加有效的方法之一是祈祷或者冥想。一些研究人员留意到，即便不是虔诚的宗教信徒，增加祈祷的次数也与感恩密切相关。[12] 如果你不想尝试祈祷，类似的冥想练习也会有帮助，比如一边安静地散步，一边重复"我是有福的，也愿他人有福"这句话。

另一种增强感恩之心的方法是：想象自己的死亡。这不是开玩笑，是真的。研究人员在 2011 年发现，当人们生动地想象自己的生命走到尽头时，他们的感激之情平均增加了 11%。[13] 研究幸福的学者很少看到单一的干预手段能产生这样的效果。因此，如果你发现自己很难体会到感激之情但又非常需要它，不妨花几分钟时间好好想一想你可能会以什么样的方式离开这个世界。当你发现自己实际上并没有死亡的时候，你会非常感恩此刻拥有的一切。无论家庭聚会有多么糟糕，至少你还活着，能看到这一切！

下面这个练习，可以帮助你在生活中更加心怀感恩。

1. 在周日的晚上，花 30 分钟时间写下生活中让你发自内心感恩的 5 件事。如果这些事情看起来很琐碎或者有点傻气，也没关系。几乎每个人的感恩清单上都会出现一些可笑的事情。但要确保其中有一到两项是和你所爱的人有关的。

2. 这一周内的每天晚上，拿出你的清单，研究5分钟，每个项目1分钟。有时间的话，也可以在早晨做一遍。

3. 每周日更新一下你的清单，增加一到两项。

5周之后，记录一下你在态度和消极情感水平上的变化。你可能会看到研究人员几乎总会发现的结果——明显改善。这是因为你的负面偏差没有足够的"受体"让你情绪低落。即使是真正的负面情况，也不会显得那么可怕，因为你会自然而然地用更加元认知的方式去看待它们，从而降低边缘系统激活的概率。

幽默是极好的情绪咖啡因

早在20世纪六七十年代，几乎每个人都读过《读者文摘》杂志，其中有一个栏目是笑话集锦，栏目名称叫《笑，是最好的良药》，里面有好几页都是老掉牙的笑话，吐槽的内容有时也非常糟糕，你会因为这些梗都太烂了而笑出声。然而，事实确实如此：很多人读这些笑话是因为他们想让自己感觉好一点。确实，幽默是极好的情绪咖啡因。

让我们从了解科学开始。请阅读下面这段话：

> 当我离开这个世界的时候，我希望自己是在睡梦中安详地死去，就像我的爷爷一样……而不是像他的乘客那样惊恐地尖叫。

如果你看完这则笑话之后笑了，那是因为你的大脑中以闪电般的速度接连发生了三件事。首先，你发现了一个不协调之处：你想象着一位老爷爷安详地躺在床上，但随后你意识到他实际上在驾驶一辆公共汽车（或一架飞机）。接着，你解决了这个不协调：爷爷手握方向盘睡着了。最后，你大脑的海马旁回[①]区域帮助你意识到这段话并不严肃，所以你觉得很有趣。[14] 这一切给你带来了一点点欢乐，阻断了你可能会有的任何不好的感受。

经过分析，这款良药不再起作用，你也笑不出来了。"正如青蛙一样，幽默也可以被解剖，"作家 E.B. 怀特说，"但是在这个过程中，有一些东西会消亡，除了纯粹的科学头脑，任何人都会对幽默的内在结构感到索然无趣。"[15] 笑话讲第二次就不好笑了，或者当你解释的时候也会变得不好笑，因为里面的惊喜消失了。但是，幽默对阻断消极情感来说是一件严肃的事情，因此值得我们去了解其中的科学。

[①] 海马旁回位于枕叶和颞叶下方的内侧，作为海马的主要皮质输入，与认知和情绪有着重要的关系。——编者注

品味幽默（享受笑话）能带来欢乐、减轻痛苦。如果你在悲伤的时候试图说服大脑你是高兴的，你的大脑是不会买账的。但是，找到幽默和痛苦的对立面是截然不同的，它可以直接进入消极情绪的受体。

研究人员发现，幽默的效果有着惊人的可靠性。在 2010 年的一项研究中，一组老年人接受了为期 8 周的"幽默疗法"——每天讲笑话、进行大笑练习、讲趣味故事等等。[16] 另外一组没有接受这种疗法。研究开始时，两组人报告的幸福感水平相似。实验结束时，第一组表示他们比实验开始时感受到的快乐程度增加了 42%。他们比第二组人感受到的快乐程度要高出 35%，同时痛苦和孤独感也有所减轻。

然而，变得搞笑是幽默的其中一个维度，但它似乎并不能提升幸福感，这也被称为"悲伤小丑悖论"（sad-clown paradox）。在 2010 年的一项实验中，研究人员要求人们为漫画撰写标题，并想出一些笑话来应对日常令人沮丧的情况。[17] 他们发现，变得搞笑（从外部观察者的角度来判断）和更快乐之间并没有显著的关系。另外一项研究发现，职业喜剧演员在测量快感缺失（anhedonia，即无法感受快乐）的量表上，得分高于普通人群标准。[18]

请注意，幽默不仅仅会阻断你的情感腺苷，还会阻断他人的情感腺苷。幽默有一种近乎麻醉剂的效果，它能降低人们对痛苦的关注，让我们记住生活中的快乐，即使是在最糟糕的时期也是如此。事实上，人类历史上不乏在可怕的大规模悲剧事件中使用幽默的例子。例如，意大利作家乔万尼·薄伽丘大约在1353年完成了他的著作《十日谈》，当时黑死病肆虐欧洲，可能造成了近1/3的人口死亡。[19] 书中虚构了10位年轻友人——7位女性和3位男性——为了躲避瘟疫而一起住进了乡间庄园，讲述了100个喜剧故事。这部作品大受欢迎，缓解了瘟疫蔓延期间欧洲人民对疾病的恐惧和与世隔绝的乏味。它没有回避疾病和死亡的主题，但也没有刻意强调它们。重点在于，即便是在非常恶劣的条件下，生活也可以是非常有趣的——但能否发现这一点取决于我们的态度。

时至今日，依然如此。生活中充斥着大量的悲伤、悲剧和挫折。如果能找到其中有趣的部分，每个人都会好过很多。以下是你现在可以采取的三个可行步骤。

首先，拒绝冷酷。我们可能会觉得这个世界给我们带来了巨大的挑战。有些人会认为，当我们关注各种危机和不公正的时候，轻松愉快的状态是不恰当的。这种想法是错误的，冷酷无法吸引别人，因此无助于吸引人们参与到你让世界变得更美好的努力中。当然，幽默也有不合时宜的时候（记住，时机就是一切），但是这种情况比你想象中要少。葬礼上最佳的悼词往往是最幽默的那一些。

研究人员发现，一种特别缺乏幽默感的意识形态是信奉激进主义："我是正义的，你是邪恶的。"[20] 因此，美国（以及其他一些国家）当前的意识形态氛围也是如此缺乏幽默感，或者说政治极端分子随时准备将他们对幽默的攻击作为武器，也就不足为奇了。为了让自己更快乐，也为了让别人更快乐，无论你的政治立场如何，都不要参与到有关幽默的斗争中。

其次，不要担心自己是否太搞笑了。有些人不会通过讲笑话来挽救自己的人生。他们要么永远记不住笑点，要么自己笑得前仰后合但别人不知道笑点是什么。没关系，对快乐而言，学会体验幽默要比提供幽默更有好处，也容易得多。会搞笑的人往往天生具有特殊的神经系统特征，而且通常智力超群。[21] 与此同时，喜欢搞笑的人只需要把幽默放在首位，培养幽默的品位，并允许自己开怀大笑。要想从幽默中获得快乐，可以让别人来讲笑话，自己当听众，笑就可以了。

最后，保持积极乐观。你体验到的和分享的幽默类型是很重要的。如果不是贬低他人或者让你嘲笑自己的处境，那么幽默与自尊、乐观和生活满意度紧密相关，与抑郁、焦虑和压力的减少有关。[22] 而攻击他人或者贬低自己的幽默则恰恰相反：虽然它能让人感到片刻的满足，但并不能阻挡负面感受（就像低因咖啡一样）。

成为充满希望的人

悲观主义是有可能降临在我们任何人身上的最严重的情绪问题之一。我们都熟悉屹耳①这种类型的人，他们总是认为最坏的事情会降临到自己头上。悲观主义者不仅仅是能够发现实际威胁的"诗人"类型，他们还会编造威胁。与悲观主义者为伍往往不是一件有趣的事情，他们往往把自己孤立起来。雪上加霜的是，悲观主义甚至不是一种有益的世界观。研究人员发现，在面对挑战时，悲观主义往往会导致人们的逃避和消极行为。[23] 因此，如果你陷入悲观主义，你就会变得不那么积极主动，甚至可能对问题的判断都不正确。[24]

那么，我们需要加强哪种相反的情绪来阻断悲观主义情绪受体呢？你可能会说："很明显，是乐观主义。"但这并不完全正确。

---

① 屹耳：英文名 Eeyore，是动画片《小熊维尼和蜂蜜树》中的角色，一个旧的灰色小毛驴，在小熊维尼系列作品中多次出现。它悲观、过于冷静、自卑、消沉。——译者注

越南战争期间，一位名叫詹姆斯·斯托克代尔的美国海军中将在监狱中被关押了7年多，他留意到他的狱友中出现了一种令人惊讶的趋势。他们中有一些人在恶劣的条件下存活了下来，而另外一些人则没有扛住。没有扛住恶劣条件的往往是最乐观的那群人。正如斯托克代尔后来告诉商业作家吉姆·柯林斯的那样："他们会说，'我们会在圣诞节之前被释放'。接着，圣诞节到了，圣诞节过去了……复活节到了，复活节也过去了。然后是感恩节，再接着又到了圣诞节。他们会因为接二连三的打击心碎而死。"[25]

在新冠疫情期间，你可能也会注意到这种模式的另外一个不那么可怕的版本。那些备受折磨的人是乐观主义者，他们总是预测会恢复正常，但随着新冠疫情的持续，留给他们的只有失望。那些过得最好的反而是对外部世界简直悲观到了极点的人，他们对外部环境的关注较少，而更多关注自己能做些什么来坚持下去。

有一个词可以用来形容一个人相信自己可以在不扭曲现实的情况下让事情变得更好：不是乐观，而是希望。人们总是把希望和乐观当成同义词，但这并不准确。在2004年的一项研究中，两位心理学家采用调查数据对这两个概念进行了解析。[26] 他们认为"希望更直接地关注个人对具体目标的实现，而乐观则更广泛地关注未来总体结果的预期质量"。换句话说，乐观是相信事情最终会好起来；希望则没有这样的假设，而是一种信念，即人们可以通过采取行动使事情变得更好一些。

希望和乐观可以并存，但也并非不可分离。你可以是不抱任何希望的乐观主义者，觉得自己对一切无能为力，但是坚信一切都会好起来。又或者你可以是一个充满希望的悲观主义者，对未来做出消极的预测，但有信心可以改善自己和他人的生活。

下面这个例子也许会对你有帮助。假设你的健康遇到了一个很大的挑战——虽然不至于严重到危及生命，但如果可以，你还是很想解决这个问题。医生告诉你，你很可能不得不学会与这个疾病共存，你很相信医生的话。但有几件事情你是可以尝试的，比如做一些运动或者服用一种新药，于是你全力以赴地去做这些新的尝试。尽管你相信医生对你病情的预断（这并不乐观），但你也在尽自己所能让它变得更好（这是充满希望的）。

乐观和希望都能让人感觉更好，但是希望具有更强大的力量感。一项研究表明，虽然乐观和希望都能降低患病的可能性，但希望比乐观更有力量。[27]

希望包含了个人的主体性，意味着它能给你一种力量和动力。在一项研究中,研究者们把希望定义为"有意愿并找到方法",研究结果发现,具有高希望水平的员工在工作中取得成功的可能性比其他人要高出 28%,拥有良好的健康状况和幸福感的可能性要高出 44%。[28] 一项对英国两所大学的学生进行多年的纵向研究发现,通过考察学生对"我积极追求自己的目标"等自评量表中的反馈来测量得到的希望水平,比智力、人格甚至以往的成绩更能预测学生的学业成就。[29]

对个人的幸福感而言,希望不仅仅是"最好能够拥有",缺乏希望可能会造成灾难性的后果。2001 年,一项针对在 1992 年至 1996 年期间接受了问卷调查的美国老年人群体进行的研究显示,基于问卷调查的结果被归类为"失去希望"的老年人中,有 29% 在 1999 年之前已经去世,而在充满希望的老年人中,这一比例仅为 11%,即便是对年龄和健康状况进行校正之后也是如此。[30]

有些人可能会说,拥有希望这个品质是一个运气问题——你可能生来就有。这种情况对乐观来说或许有些道理:一项研究发现,乐观有 36% 的遗传因素。[31] 另一方面,研究尚未发现希望与遗传有关。这是因为正如许多哲学和宗教传统所教导的那样,希望是一种主动的选择。确实,在基督教中,希望是一种神学美德,意味着自愿行动,而不仅仅是快乐的预言。为了给他人创造一个更美好的世界，你应该充满希望。

然而，成为一个更加充满希望的人似乎取决于你所处的环境。你可能会问："如果环境没有希望呢？"好吧，其实你所处的环境从来都不是毫无希望的。此外，希望可以通过以下三个步骤来实践和学习。

第一步，想象一个更加美好的未来，并且详细说明是什么让它变得如此美好。当你感到有一些绝望的时候，开始改变你的观点。举个例子，你所爱的人没有把握住自己的未来，荒废了学业，或许还正在做出破坏性的个人选择，导致了糟糕的生活结果和一个没有希望的未来。你很容易得出这样的结论：这种情况是无望的，但是，如果你能想象出一种更好的、更符合现实的生活方式是什么样子的，你就能为你所爱的人和你自己的幸福生活做更多的事情。

与其沉浸在朦胧不清的"更好"的期待中听之任之，不如列出具体的改进要素。比如，想象你所爱的人重返校园，发展出更健康的友谊；想象他遇到了一个很棒的恋爱对象，并戒除了药物滥用。

第二步，设想自己正在采取行动。如果停留在第一步，只是让自己相信未来会更好，那么你只是乐观，还没有达到充满希望的程度。憧憬美好的未来本身并不会使未来变得更加美好，但当它把我们的个人行为从抱怨转变为行动时，它就能帮助全世界。因此，这个练习的第二步是想象自己以某种合理的方式实现更美好的未来，尽管是在微观层面上。

继续前面的例子，设想自己与对方建立更频繁的联系，以一种友好、不卑不亢的方式，表明你喜欢和关心他这个人，而不仅仅是对他进行道德评判。想象一下，你让他告诉你他对美好未来的憧憬，而你会主动为他提供力所能及的帮助；想象一下，当他无处可去时，你告诉他可以住在你那里；想象一下，开车送他去上学或者参加工作面试。不要幻想自己是无敌的救世主，而是想象自己在做一些微小和实实在在的事情。

现在，带着希望，你可以迈出第三步，也是最重要的一步：行动。带着你对改善生活的宏大愿景和谦卑追求，以具体的方式参与其中，并相应地付诸实践。坚持你的想法，并在个人层面提供帮助。

停止过度共情

有时候，对你生活干扰最大的并不是你自己的消极情绪，而是你身边亲近的人的情绪。你的家人、伴侣或朋友正在遭受痛苦，这变成了你们关系的焦点，把你拖入了情绪的泥潭。你不想变得冷酷无情，但有时，你需要一些情绪咖啡因来阻断你自己大脑中因为他们而产生的情绪腺苷。正如你将在本书后面看到的那样，如果你放任不管，家庭中的消极情绪会像病毒一样传播。你可能会以为这时候最好的情绪选择是同理心（empathy），但这并不完全正确。恰恰相反，同理心会让你的状况变得更糟糕。

"感同身受"（empath）这个词首次出现在英语词典中时并不是一个褒义词。这个词最早出现在 1956 年的一个科幻故事中，故事中的人物能够感受到其他人的情绪，并利用这些情绪来剥削工人。[32] 后来这个词被赋予了更多积极的含义，如今当人们说自己很有同理心时，他们通常指的是自己很友善并且关心他人，能够感同身受其他人的痛苦。在当代文化背景下，同理心似乎是一种纯粹的美德，是一种你会努力表现出来的美德。

然而，就美德而言，同理心被高估了。过度地单独采用同理心，会给同理者和被同理者均带来伤害。

同理心并不是对一个人在身体上或情绪上的痛苦感到难过——那是关怀之心。[33] 同理心指的是将自己放在受苦者的位置，设身处地地感受到他们所遭受的痛苦。这就是"希望你早一点好起来"和"我能想象你现在有多难受"之间的区别。一些研究者甚至假设，拥有同理心的人具有高度反应的镜像神经元——这是一种当我们观察到他人的行为时，会模仿他人行为的脑细胞。[34] 举例来说，当你看到别人哭泣时，你也会想哭。

有证据表明，同理心确实可以减轻人们的心理负担。在 2017 年的一系列实验中，当实验参与者听到别人表达同理心时，身体疼痛会明显减轻，而听到无同理心或中性的评论时则没有这个效果。[35] 同样，如果医生对病人表达同理心，表明他们理解并感受到了病人所经历的一切，那么病人就能更好地应对负面消息。[36]

这种缓解对表达同理心的人来说是要付出代价的。2014 年，研究人员发现，对人们进行同理心训练往往会增强他们在回应他人痛苦时的消极情绪。[37] 这是有道理的：如果你承担了他人的痛苦，你自己的生活中就会有更多的痛苦。

但是同理心最终也会伤害其他人。多伦多大学心理学家保罗·布卢姆在他的著作《摆脱共情》中指出，同理心会导致"非理性和不公平的政治决策"。[38] 例如，政治家可能会给自己所属种族或宗教团体中的人偏私的好处，因而会对其他人做出不公平的行为。布伦甚至说，同理心会"让我们更加不擅长做朋友、父母、丈夫和妻子"，因为有时候爱的行动会造成痛苦而不是减轻痛苦，比如面对可怕的真相。

毫无疑问，在自己的生活中，你也会遇到类似的情况。由于太有同理心，你或其他人无法给予别人所需要的"严厉的爱"。回到上一章的例子，如果你不去帮助正在做出糟糕的人生选择的家人，而只是一味地表达同理心，那么这也许会短暂地减轻他的痛苦，但是无法帮助他走上正轨。

如果要让同理心成为一种成熟的美德和一种保护性的情绪咖啡因，就需要增加一些辅助行为，将其转化为关怀之心。一项关于关怀之心的综合研究将其定义为：承认痛苦、理解痛苦、向受苦者表达同理心——但同时也忍受自己和受苦者正在经历的不舒服的感觉，更重要的是，采取行动以减轻痛苦。[39]

关怀之心既能帮助受难者，也能帮助援助者。2014年的一项研究表明，同理心的训练会恶化情绪，而其中一些实验参与者接受了关怀之心的训练。[40] 与同理心的训练相比，关怀之心的训练能阻断他们的消极情绪，从而提高他们目睹别人痛苦之后的整体情绪。关怀之心也能让患者受益，例如，能更自如地面对疼痛患者的医生在进行针灸等伴随疼痛的治疗时可能会更加成功。[41] 学会带着分析的视角看待他人的不适并提供帮助，可以将他人的负担转化为让你们双方都感觉更好的契机。

有些人天生就比其他人更容易产生关怀之心。研究表明，关怀之心在某种程度上是遗传的，我们可能天生就会被具有这种特质的人所吸引。[42] 然而，大量证据也表明，关怀之心是可以习得的。[43] 关键在于要运用你的觉察能力来超越你的感受。努力让自己在面对痛苦的时候变得坚强，会让自己和他人都获益。对特别富有关怀之心的人来说，并没有一个像同理心那样的标签，但是当你做到这一点的时候，你会明白自己做到了，其他人也会知道。

要想成为一个更有关怀之心（从而也更幸福）的人，首先要从锻炼自己的坚韧开始。在他人的痛苦面前变得更坚韧并不意味着对痛苦的感受更少。相反，你应该学会在感受到痛苦的同时不让它影响你的行动。如果你遇到过参加新兵训练营的海军陆战队员，他们会告诉你，他们在训练营中面临着前所未有的严峻考验，每一天都想要放弃。对于参加战斗的海军陆战队员来说，在结束新兵训练营之后的几年里他们还要进行多轮战斗训练，但是每一轮的训练似乎都会变得越来越轻松，这是因为他们正在学习在极端环境下执行任务。对海军陆战队员来说，痛苦从未远离，只是不再让他们感到折磨。

有关怀之心的人就像是受过训练的海军陆战队员一样：和其他人一样会感到伤痛，但能忍受伤痛并照常行动。有同理心的医生能用他们的同理心减轻病人的痛苦；有关怀之心的医生还能冷静地为病人做手术。有同理心的父母看到孩子在大学里备受折磨时，会和孩子一起感到痛苦；而有关怀之心的父母能够克制住打电话给系主任或开车去学校的冲动，像安抚孩童那样安慰自己的孩子。

除了坚韧，富有关怀之心的人还很注重行动。很多时候，当人们感到痛苦时，他们会拒绝有效的治疗方法，因为这些方法可能会暂时加重痛苦。一个人可能会因为无法忍受手术和复健的痛苦（研究表明，人们往往会高估手术的痛苦）而多年拖着有问题的膝盖四处走动。[44] 同样，人们之所以会留在有毒的人际关系中，是因为离开这段关系似乎太可怕了，令人难以承受。

这些例子提出了另一个重要观点：除了同理心，我们不仅要对其他人怀有关怀之心，也要对自己怀有关怀之心。很多强调同理心的自我关怀包括感受自己的痛苦，但在需要做出一些困难的行动来应对痛苦之前它就停止了。而真正的自我关怀意味着去做你真正需要做的困难的事情，而不是忍受着你的感受，比如接受膝盖手术或直面感情问题。你可以说，同理心是激活了边缘系统，而关怀之心是激活了元认知。

富有同理心的人无法帮助他人做出艰难的决定，因为他们的帮助止步于感受受害者的感受。但是，富有关怀之心的人经过磨炼后变得坚韧而勇于行动，能够做一些让正在遭受痛苦的人可能不想要或不喜欢，但真正为他们好的事情。关怀之心可能会让人感觉像严厉的爱，给出不太顺耳的真诚建议，向不符合岗位要求的员工说再见，或者对一个满脸失望的孩子说"不"。这么做可以启动一个良性循环，让接受关怀的人变得更加有韧性，同时他们自己也能更好地表达关怀。

为他人创造更美好的世界

在本章中谈到的自我管理的情绪咖啡因策略，除了挤掉我们可能会体验到的一些多余的消极情绪，还有一个巨大的优点，那就是我们在用真正想要的情绪——感恩、幽默、希望和关怀——替换它们。我们想要这些是因为它们不仅是情绪，更是美德。

当你培养这些美德时，你会注意到另外一件事情：你会越来越多地以更富有成效和慷慨大方的方式关注他人，而越来越少地关注自己。这就是情绪自我管理的下一个原则。

第四章

减少对自我的关注

2020 年,美国西北大学的心理学家亚当·韦兹和德国科隆大学的心理学家威廉·霍夫曼开始研究一个问题:在哪种情况下,我会更幸福?是专注于自己的欲望时,还是专注于为他人做事时?[1]

我们通常把自我关怀和关爱他人之间的权衡,看作是感觉良好和道德高尚之间的权衡。如果下午请假去购物,你会乐在其中;如果去当地的慈善机构做志愿者,你会错过购物的乐趣,但会成为一个更好的人。显然,这种权衡是有局限性的。你需要先照顾好自己才能帮助他人,这样帮助他人对你来说也是一种乐趣。但一般来说,这就是我们看待"自己与他人"选择的方式。

研究人员质疑是否真的存在这种权衡。他们在考虑是否有一种可能性，即关注他人比关注自己更能给你带来幸福。为了探究这个想法，他们将263名参与者分成三组，每一组会收到不同的指令。

1. 道德行为组：今天，我们希望你至少为他人做出一次道德行为。所谓"为他人做出的道德行为"，是指做一些有益于他人或他人所在群体的事情。可以是向慈善机构捐款、捡垃圾（社区服务）、给无家可归的人捐款、协助他人工作、赞美他人、帮助家人或者善待陌生人。任何直接或间接使他人受益的行为都可以被视为道德行为。

2. 道德想法组：今天，我们希望你至少能有一个为他人着想的道德想法。所谓"为他人着想的道德想法"，是指积极地为他人或他人所在群体着想，从他们的立场出发想一些对他们有利的事情，为他们想一些带来幸运的事情，为他们祈祷，希望他们成功，或者想一想你有多么关心另一个人或另一群人。任何对他人的积极的想法都可以被视为道德想法。

3. 善待自己组：今天，我们希望你至少为自己做一件积极的事情。所谓"为自己做积极的事情"，是指做一些对自己有益的事情。可以是给自己买一份礼物，让自己享受一次按摩，自己去看一场电影，与能让自己开心的朋友共度时光，让自己休息放松一下或是享受一顿美餐。任何直接或间接对你有益的行为都会被认为是积极的事情。

这三组人按照收到的指令，连续10天，每天晚上记录他们在11个维度的幸福感。最后，研究人员汇总的结果一点儿也不出人意料，在某些方面，所有策略都是有益的，比如这三组参与者的满意感都更高了。但是在大多数方面，结果都相去甚远。道德行为组在一系列幸福感测量中的得分都高于道德想法组，同时，这两组的得分均高于善待自己组。那些更加积极关照他人的人在生活中有了更大的目标感和更多的控制感，而其他人则没有这样的感受。积极关照他人的那些人也是唯一感到较少的愤怒和较少社会孤立的人。

最终的结果很明显，而且与大量数据一致，表明减少对自己和自己欲望的关注会让人更加幸福。但这并不是说你应该停止关注自己或停止关注自己的需求。正如我们在飞机上听到的安全指南所说的，你必须"先戴好自己的氧气面罩"，才能在追求幸福时，帮助他人变得更加幸福。这与只考虑自己而不考虑他人以及外界发生的事情是不同的。

实际上，对生活采取更多向外的关注（观察世界、关心他人，而不是把生活的重心过多地放在自己身上），是提高自身幸福感的最佳途径之一，也是情绪自我管理的第三项原则。这意味着尽可能无私地善待他人——正如前面的实验所表明的那样——但更加微妙的是，这意味着通过减少照镜子、不理会自己在社交媒体上的表现反馈、少关注别人对自己的看法，以及与嫉妒别人拥有你所没有的这种倾向作斗争等行为，将自己的注意力从自己和自己的欲望上转移开。

自我情绪管理的这一部分并不是要让我们责怪自己，也不是要让任何人觉得我们是以自我为中心的自大狂。专注于自己是世界上最正常不过的事情，然而这并不能让我们变得更加幸福。与这种先天倾向作斗争虽然不易，但能让我们从头脑中循环播放的情景剧中跳出来，而情景剧的剧情就是我们每天以自我为中心的生活。有了知识和实践，对生活的外在关注会带来巨大的幸福感回报。

每个人都有两个自我

你可能已经留意到，你在照镜子的时候看起来最自然，而照片里的你看起来总是那么不自然，就好像是另外一个人。事实上，哲学家也说过，在现实生活中，你是两个不同的人——其中一个人是观察者，另一个人在被他人观察。理解这一点可以帮助我们减少对内在世界的关注，更多地关注外在世界。

美国哲学家威廉·詹姆斯深入探讨了两个自我这一观点。他认为，要想生存和发展，你必须观察周围的事物，但你也必须观察自己，同时被他人观察，这样才能有一致的自我概念和自我形象。[2] 如果不向外观察，你可能会被车撞或者挨饿。如果不被观察，你就没有记忆、历史，也不知道自己为什么要做正在做的事情。当你开车去上班的时候，你会观察交通和路人来确保安全并抵达目的地。但是一旦你开始工作，你就会更加关注别人是如何看待你的，这有助于你了解自己是否做得很好。

当你处于观察者的立场时，你就是"主体自我"（I-self，即周围事物的观察者）。当你作为被观察的对象，或者在观察和思考自己时，你就是"客体自我"（me-self，即被观察的那个我）。这两者都不是心智的永久状态。幸福的诀窍在于平衡你的主体自我和客体自我。这意味着要增加前者和减少后者，因为大多数人花在被观察上的时间太多，而花在观察上的时间却不够。我们不断地思考自己和别人是如何看待我们的，我们每遇到一面镜子就会照一下，我们会看看自己在社交媒体上被多少人提及，我们会纠结于自己的身份。

这种情况会给我们带来麻烦。正如我们在前文中提到的，更多地关注外部世界可以给我们带来更大的幸福感，而关注自己和其他人对自己的看法则会导致情绪波动。[3] 你的幸福感像悠悠球一样忽上忽下，取决于你在某一时刻对自己的看法是积极的还是消极的。这种波动让人难以忍受，难怪自我专注（self-absorption）会与焦虑和抑郁相关。[4]

将自己视为客体（向内看）而非主体（向外看）也会降低你在日常任务中的表现。研究人员在学习实验中发现，当人们把注意力集中在自己身上时，就不太可能尝试新事物。[5] 这是有道理的：当你太关注自己时，就会忽略外在世界的很多事情。当你担心"我表现得怎么样？"和"别人怎么看我？"时，你就会感到不自在。我们有时候会被小孩子那种自然、不扭捏、只是做自己的状态所激励，因为他们长时间处在主体自我的状态，只是观察、行动和享受。

你应该花更多的时间思考世界，而不是思考自己，这种理念早在现代科学和哲学诞生之前就存在了。例如，它是禅宗的核心焦点，从根本上说，禅宗是一种纯粹的向外观察的态度。禅宗大师铃木大拙在 1934 年写道："生活是一门艺术，就像完美的艺术品一样，它应该是忘我的。"[6] 哈佛大学精神病学教授、禅宗牧师罗伯特·瓦尔丁格是这样解释的："当我意识到自我，并称呼自己为鲍勃时，它就是我与世界的关系。当这种意识消失的时候（在冥想中，或者是当我站在瀑布前充满敬畏之情地欣赏时），与其他一切分离的自我意识就会消退，只留下声音和感觉。"[7]

在某些传统中，主体自我不仅是通往幸福的门票，也是与神的联结。印度教教徒试图揭示他们的"阿特曼"（atman），这是一种与生俱来的觉知状态，在这种状态下，一个人目睹着全世界而不卷入其中。阿特曼还被视为与"梵"（Braham）直接相连，梵是终极的神性实相。耶稣所说的"若有人要跟从我，就当舍己"，通常被解释为关注上帝和他人，但这样做也需要更加重视主体自我。

当然，你永远无法根除客体自我，但是通过有意识地减少你在客体化状态下所花费的时间，你的幸福感肯定会提升。以下三个有意识的习惯会有所帮助。

首先，避免照镜子。照镜子本身就很吸引人，所有类似照镜子的现象都是如此，比如出现在社交媒体上。我们会被镜子吸引，但是镜子不是你的朋友。即使是最健康的人，也会因为镜子而将自己物化。对患有自我形象相关障碍的人来说，照镜子简直是一种痛苦。2001年，研究人员在对躯体变形障碍患者（那些对自己身体上的缺陷有强迫性思维的人）进行研究时发现，这些人照镜子的最长时间（从而专注于他们的痛苦来源）是那些没有这种障碍的人照镜子最长时间的 3.4 倍。[8]

采取一些办法让世人眼中的自己更少地出现在自己面前。你可以考虑干脆把家里所有的镜子都搬走，只留下一两面镜子，并规定每天早上照镜子的次数不要超过一次。一位对自己的身材迷恋到极点的健身模特急切地想让自己恢复到更健康、更正常的生活状态，他整整一年都没有照镜子，甚至在黑暗中洗澡，以停止观察和评判自己的体型。[9]

虚拟的镜子比真实的镜子更容易摆脱。关闭你的社交媒体通知，停止在搜索引擎里搜索自己，关闭网络会议里的自我摄像功能，不要自拍。这么做一开始会很难，因为所有这些自我观察的做法都只会带来神经调质多巴胺的少量释放。但随着练习次数增多，会变得越来越容易，尤其是当你体验到不看自己所带来的放松时。

其次，不要妄加评判周围的事物。评判看似是纯粹的观察，实则不然，它只是把对外界的观察转向了自己。举个例子，如果你说"这天气真糟糕"，这与其说是在讨论天气，不如说是在表达你的感受。而且，你只是把消极情绪归咎在了你无法控制的事情上。

对世界做出评判是正常的，也是必要的，我们需要这样做才能做出权衡利弊的决策。然而，很多评判都是没有帮助和必要的。你真的需要判定刚刚你听到的那首歌很蠢吗？不妨试着不带主观评判地去多多观察周围的事物。开始尝试做更多单纯的观察性陈述，而不是基于价值评判的陈述。把"这咖啡真难喝"转换成"这咖啡有一些苦涩"。起初你会觉得做这样的改变很棘手，因为我们习惯了评判一切。一旦你掌握了要领，你会发现不必对每件事情都表达看法是一种巨大的解脱。你会发现自己不再热衷于政治辩论，发表的意见也越来越少。这会让你更加平静，内心更加安宁。

最后，花更多时间去赞叹周围的世界。加利福尼亚大学伯克利分校心理学家达契尔·克特纳在他的研究中重点关注"敬畏"（awe）的体验，他将敬畏定义为"置身于超越你对世界理解的巨大事物中的感觉"。[10] 克特纳发现，敬畏有诸多好处，其中之一就是会削弱自我意识。例如，在一项研究中，他和他的同事要求人们思考在大自然中的美好经历或是感到自豪的时刻。[11] 那些想到大自然的人说感到自己渺小或是微不足道的可能性是那些想到自豪时刻的人的两倍，而说感到有比自己更伟大的东西存在的可能性也要高出近 1/3。

花更多的时间享受那些让你惊叹的事物。例如，幸福专家格雷琴·鲁宾几乎每天都会参观大都会艺术博物馆。在日常生活中融入敬畏之心，可能意味着你要尽可能多地欣赏日落或者研究天文学——或者任何让你大开眼界的事物。

如果有空，你还可以尝试最后一项练习：带着这种状态去散步。在一个著名的禅宗公案（一个需要以哲学解释的故事）中，一位小和尚看到一位老和尚在走路，便问他要去哪里。[12] 老和尚回答："我在朝圣。"小和尚继续问："要去哪里朝圣？""我不知道，"老和尚回答，"不知道才是最隐秘之处。"

老和尚只是在观察自己行走的方向，没有任何意图和评判。当你能够观察自己的旅程，而不对目的地或者外部回报抱有期望时，你会领悟到人生中一些最深刻和最隐秘的体验。试着只用一天时间，学着像这位老和尚一样，早上起来对自己说："我不知道今天会发生什么，但我会接受它。"在这一天里，你要关注自己以外的事情，抵制评判，并且避免任何自我参照。如果你觉得自己很有冒险精神，你甚至可以开着自己的车，来一次没有确定目的地的一日游。

不再在乎别人的看法

《圣经》里有一句著名的经文："你们不要评判人，免得你们被评判。"[13] 采用一种健康的方式关注他人和外部世界，你就拥有了"不评判人"的能力。接下来的这部分内容将为你讲述这句经文的后半段：不被人评判——或者至少不关注别人对你的评判，少在意别人对你的看法。

需要注意的是，关心和关注他人，与担心他人对自己的看法是完全不同的。前者有益无害，后者往往以自我为中心且具有破坏性。事实上，要管理好情绪，所有人都需要努力，少在意别人对我们的看法。不过，这比摆脱所有的镜子还要难。你只需回想一下，上次某个不熟悉的人批评你的情形——你一定不会邀请这个人到家里来聊天，但是你却邀请他进入你的头脑里，因为你对他的批评耿耿于怀，也许是社交媒体上的一句嘲讽，也许是工作中的一句贬低。你甚至为自己的在意而自责，但你还是往心里去了。实际上，对大多数人来说，压力的一个来源就是别人对自己的看法。很多人都深受批评的伤害，为了获得陌生人的欣赏而竭尽全力，而且彻夜难眠，就想知道别人对他们的看法。

为什么会这样呢？大自然又一次让我们的生活变得艰难。我们天生就在意别人对自己的看法，并且为此辗转反侧。正如 2000 多年前的古罗马斯多葛学派哲学家马可·奥勒留指出的那样："我们都爱自己胜过爱别人，但更在乎别人对我们的看法，无论他们是朋友、陌生人还是敌人。"[14] 对幸福而言，考虑别人对我们的看法甚至比直接沉迷于自己更加糟糕。

关注他人的意见是可以理解的，从某种程度上来说也是合理的。你相信自己的观点，你的观点也是由与你相似的其他人的观点所丰富和塑造的，于是，不管你是否愿意，你都会相信他们的观点。[15] 因此，如果你的一位同事说某个电视节目非常棒，你对这档节目的评价可能就会上升，至少会上升一点点，并且你可能会决定尝试看看。

对于你会特别在意别人对你的看法这一点，进化论解释了其中的原因：在几乎整个人类历史上，人类的生存都依赖于成员身份紧密团结的氏族和部落。在诸如警察、超市等现代文明结构出现之前，被群体抛弃意味着一定会死于寒冷、饥饿或捕食者。这就很容易解释为什么你的幸福感包括了受到他人认可，以及为什么你的大脑已经进化到当你面临社会排斥时会激活与身体疼痛相关的脑区——背侧前扣带回皮质或叫 dACC。[16]（顺便说一句，神经科学家已经注意到，一种针对 dACC 的治疗身体疼痛的非处方药——对乙酰氨基酚或泰诺——还可以降低与社会排斥相关的消极情绪！）[17]

不幸的是，希望得到他人认可的本能非常不适应人类的现代生活。在过去，当被独自驱逐到森林时，你有充分的理由感到恐惧。而现在，你可能会因为各种各样的事情而饱受焦虑的折磨，比如陌生人可能会因为你的一句考虑不周的话而取消关注你，或者路人会拍下你糟糕的服装搭配，把照片放在社交媒体上，展示给所有人。

这种倾向可能是天生的，但要是任其发展，就会让你走很多弯路。如果你是一个完全符合逻辑的人，就会明白对别人看法的担心是多余的，不太值得为之焦虑不安。但是没有人是完全符合逻辑的，而且我们大部分人从记事起就一直沉溺于这种在意别人看法的习惯。

在最糟糕的情况下，对是否受到他人认可所产生的焦虑可能会发展为一种令人崩溃的恐惧，这种心理状况被称为"选择恐惧症"（allodoxaphobia）[18]。别担心，这种情况很少见。但即便没达到这种程度，担心别人的意见也会降低你在日常任务中的基本能力，比如做决定。当你考虑在某个具体情境下做些什么的时候，比如是否要在小组讨论中发言，你大脑中被心理学家称为"行为抑制系统"（BIS）的网络会自然地被激活，能让你评估当时的情况并决定如何行动（尤其关注你行动不当时所要承担的后果）。[19] 当你对情境有充分的觉察时，BIS 就会停止工作，而注重奖赏的"行为激活系统"（BAS）就会介入。然而，研究表明对他人意见的担忧会使 BIS 的网络保持活跃，从而削弱你采取行动的能力。[20] 如果你在一次人际互动中为自己应该说但没有说的话而感到自责,这可能表明你受到了担忧别人看法的影响。

你之所以害怕别人的意见,其中一个原因是负面评价会让你感到羞耻,而羞耻是一种认为自己没有价值、无能、不光彩或不道德的感觉。于是,鉴于我们对他人意见的重视,我们开始对自己产生这种感觉。害怕羞耻是有道理的,因为研究清楚地表明,羞耻既是抑郁和焦虑的症状,也是抑郁和焦虑的诱因。[21]

中国古代哲学家老子在《道德经》中写道:"富贵而骄,自遗其咎。"[22]① 毫无疑问,老子的本意是想告诫世人,但这更像是一个承诺和机会。实际上,由别人的看法所筑起的囚牢是由你建造、维持和监守的。也许你可以在老子这段文字的基础上补充一句:"如果不在乎别人的看法,牢狱之门也随之敞开。"如果你被囚禁于羞耻和评判之牢,请振作起来:自由的钥匙就握在你自己的手中。[23]

请记住,我们的目标是关注他人,而不是关注他人对你的看法。

---

① 此处原文是"Care about people's approval and you will be their prisoner",直译为"在意别人的看法,你就变成他们的囚徒",和《道德经》中原句所述的意思并不一致。这里涉及一个经典的译文错误,在广为流传的英文版《道德经》中,这句话的意思被错误理解和翻译。——译者注

要做到这一点，首先就要提醒自己：没有人会在意你。你可能会因为别人对你的某些看法而对自己产生负面的感受，但具有讽刺意味的是，无论别人对你的看法是积极的还是消极的，都比你想象中的要少得多。研究表明，我们总是高估别人对我们的看法和失败之处的关注度，导致我们过度压抑（自己），生活质量也更差。[24] 如果你在社交媒体上的粉丝或者现实生活中的邻居在想着你，他们可能会对你有一个偏低的评价——也有可能不会。下次当你感到不自在的时候，请留意这是你对自己的关注。放心，你周围的每个人或多或少都在做和你同样的事情。

其次，反抗羞耻感。因为对羞耻的恐惧常常隐藏在对他人意见过度关注的背后，所以你需要直面你的羞耻感。有时候，稍微有一些羞耻是健康的，也是合理的，比如当我们因为怨恨或者不耐烦而说了一些伤害他人的话时。但很多时候羞耻感会在很荒谬的情况下出现，比如，不小心忘了拉上拉链或者剪了一个很失败的发型。

我们绝对不是建议你故意敞着裤子拉链走来走去，而是让你问问自己：感到有一些尴尬的时候，我在隐藏什么？下决心不再隐藏它，从而让原本主宰着你的毫无用处的尴尬不再变成你的阻碍。我们向你保证，一旦你以元认知的方式认识到自己尴尬的来源并下定决心不再受其束缚，你将会更有力量感和幸福感。

不要给嫉妒的杂草浇水

我们关注自己的另外一种方式是沉溺于致命的七宗罪之一：嫉妒。当我们嫉妒时，我们会纠结于自己拥有什么或者缺乏什么。同样，虽然这看起来是向外的关注，但实际上是你希望自己拥有什么。这种倾向会破坏我们的人际关系，让我们对他人的态度变得更加恶劣，并且无法享受自己的生活。

在但丁《神曲·炼狱篇》的第13章中，这位14世纪的意大利诗人描述了对那些一生因嫉妒而堕落之人的终极惩罚。他描绘了这些人站在陡峭的悬崖边岌岌可危的样子。因为嫉妒是由他们所见开始，于是他们的眼睛被铁线缝合而紧闭；为了防止坠落悬崖，他们必须相互支撑，而这是他们生前从未做过的事情。[25] 这一切是相当残酷的惩罚。

也许你并不像但丁那么关心死后之事。大量证据表明，对别人所拥有的一切充满怨恨的嫉妒之情，会让你此时此刻就像堕入炼狱般痛苦。我们都知道嫉妒的感受——它在腐蚀我们的爱的同时榨干我们的灵魂；它让我们不仅仅只关注自己，还专门去思考那些我们没有而其他人拥有的东西；它唤起我们内心丑陋和恶毒的阴影，让我们以他人的痛苦为乐，不为别的，只是因为他人的幸运让我们觉得与之相比显得自己很差劲。正如散文家约瑟夫·爱泼

为你想要的生活

斯坦所写："在七宗罪里，唯有嫉妒毫无乐趣可言。"[26] 简而言之，嫉妒是幸福的杀手。

不幸的是，嫉妒也是天生的，没有人可以完全摆脱它。有关嫉妒的自然进化根源的相关解释是显而易见的，社会比较是我们用来衡量自己在社会中相对地位的方法，通过社会比较，我们才能知道自己应该努力争取什么，从而保持在资源争夺中的竞争力以及在择偶市场上的生存力。当我们发现自己落后于其他人时，这种痛苦往往会刺激我们去提升自己，或者去打击他人。这一切在穴居时代可能是生死攸关的，但时至今日已经过时了。你不可能因为自己在社交媒体上发布的内容不如别人受欢迎而孤独终老，但你感受到的痛苦同样剧烈。

根据人们在面对这种痛苦时所采取的不同的行动方式，一些学者将嫉妒区分为善意嫉妒和恶意嫉妒。[27] 前者虽然是痛苦的，但人们会在这种痛苦中渴望自我提升，并效仿被嫉妒的对象。与之相反的是，恶意嫉妒会导致严重的破坏性行为，比如心怀敌意的想法和旨在伤害对方的行为。当你认为对嫉妒对象的钦佩之情是对方应得的时候，会产生善意嫉妒；而当你并不以为然时，恶意嫉妒就会出现。[28] 这就是为什么你可能会嫉妒一位著名的战争英雄，但希望他无灾无难，同时却对一个真人秀明星刚刚被捕的消息幸灾乐祸。

嫉妒（尤其是恶意嫉妒）对你来说是非常可怕的。首先，这种痛苦是真真切切的。神经科学家发现，嫉妒他人会刺激你大脑的 dACC 脑区，这个脑区我们已经在前面了解过了，是专门处理痛觉的。[29] 同时，它还会毁掉你的未来。2018 年，学者们对 18000 名随机选取的实验对象进行研究，发现他们的嫉妒经历是未来心理健康水平恶化和幸福感降低的有力预测因素。[30] 通常情况下，随着年龄的增长，人们的心理会变得更加健康，而嫉妒会阻碍这一趋势。

不同的人嫉妒的事情也不一样。例如，一些研究表明，人们嫉妒的对象往往随着年龄的增长而发生改变。[31] 年轻人可能比年长的人更嫉妒别人在教育和社交方面的成功、俊美的外表，以及遇见真爱的运气。年纪大一些的人通常对以上这些嗤之以鼻，但往往会嫉妒那些有钱人。这是很容易理解的，在人生早期阶段，你自然会想要那些最有可能帮助你成家立业的东西；而随后，你会更倾向于寻求经济方面的保障。

想要感受嫉妒，你需要接触那些看起来比你更加幸运的人。普通的人际交往通常是比较简单的，但如果人们有机会接触到各种各样的陌生人，这些人把自己的生活装扮得尽可能迷人、成功和幸福，那么引发嫉妒的条件就会大爆发。很显然，这种情况就是指社交媒体。事实上，学者们甚至用"脸书嫉妒"（Facebook envy）来形容社交媒体为这种破坏性的情绪创造的独特的有利环境。[32] 学者们在实验中确实发现，被动地暴露在社交媒体环境中（尽管毫无疑问这并不局限于脸书这一种社交媒体），网民会因为嫉妒的增加而明显降低幸福感。[33]

那么，怎样才能在你的生活中将嫉妒降低到可控水平呢？15世纪著名的商人科西莫·迪·乔凡尼·美第奇将嫉妒比喻为一种毒性很强、自然生长的杂草。[34] 我们要做的不是试图根除这些杂草，那样做是徒劳的；相反，他告诉我们，只要不给嫉妒的杂草浇水就可以了。这里有三种帮助你达成目标的方法。

第一，关注其他人生活中平凡的部分。我们浇灌这种可怕杂草的主要方式就是我们的注意力。我们会专注于自己想要却缺乏的东西。举个例子，你可能会羡慕艺人的名气和财富，想象这些东西会如何让你的生活变得更加轻松和有趣。但请再深入思考一下。你真的相信艺人的生活如此美好吗？艺人的金钱和名气能带来美满的婚姻吗？艺人所拥有的金钱和名气能消除她的悲伤和愤怒吗？很可能不会，也许恰恰相反。

心理学家已经证明，你可以利用这种深入观察的方式来淡化你的嫉妒之情。2017年，研究人员要求一组研究参与者想一想那些在人口统计学方面和他们相似，同时在生活环境上是他们认为非常好的那些人。研究人员发现，只关注这些更好的生活环境，会导致研究参与者将其与自己的生活进行一种痛苦的对比，于是就引发了嫉妒。[35] 然而，当研究参与者被要求思考这些人肯定也会经历日常起伏时，嫉妒就减少了。

第二，关闭嫉妒通道。社交媒体之所以会增加嫉妒的产生，是因为它做了三件事：它让你看到了比你更幸运的人在过什么样的生活；它让任何人都能以一种无比便捷的方式向大众炫耀自己的好运；它让你与那些不在你现实生活圈里的人处于同一个虚拟社区，让你与他们进行比较。[36] 名人和网红在社交媒体上发布的信息尤其容易引起人们的嫉妒，但这些嫉妒是没什么必要的。解决的办法不是抛弃社交媒体，而是取消关注那些你不了解的人，你之所以看他们的信息，只是因为他们拥有你想要的东西而已。

第三，展示你不那么让人嫉妒的一面。这就类似于通过向外而不是向内的方式来反抗你的羞耻感。当你努力减少对他人的嫉妒时，不要再试图让自己变得令人嫉妒。想在陌生人面前展示自己的优势和隐藏自己的弱点是很自然的，这么做可能感觉很好，却是错误的。对自己和他人隐瞒真相是一条通往焦虑和不幸福的路。正如研究人员在 2019 年的一项研究中所表明的，当观察者不仅坦承自己做对了什么，也坦承自己一路走来是如何失败的时候，会体验到更少的恶意嫉妒。[37] 但要注意，你的失败必须是真实的。有一种所谓谦虚自夸（humble bragging），就是把自夸伪装成谦虚，会让人一眼就识破，反而损害你在别人心目中的形象。[38]

创造你想要的生活

前面三章都是关于如何从"要改善生活就必须改变世界"的态度转变为"努力改变自己和自己的情绪"的态度。

重申一下，这样的转变并不意味着要消除情绪，即便是消极情绪。在艰难的生活境遇下产生的消极情绪并不好受，它们从来都不让人好受。对很多人来说，这些情绪是非常难熬的，对一些人而言则是更加难熬的。但这些情绪也是必要和可控的，只要用心练习，你就能运用元认知来管理它们。你可以学着练习情绪替代，也可以通过减少对自己的关注而获得极大的解脱。

这一切都需要练习，并且很不容易。这就是"大师级"的情绪管理。你不会是完美的，你会有美好的日子，也会有糟糕的日子，因为生活本身就很艰难。但是，情绪管理是可以做到的，而且你也能够做好。随着你的进步，你会越来越幸福，你周围的人也会更幸福。更棒的一点是，情绪自我管理能让你从我们用来麻痹不适的干扰中解脱出来,从而专注于真正重要的事情,回归生活的基本。

而这些真正重要的事情,就是我们接下来要讨论的内容,也是创造你想要的生活的关键所在。

第三部分

回归
生活的基本

情绪自我管理是前面三章的主题，它能让你变得更加快乐，把你从情绪感受的支配中解放出来。这就好比是一个帮助你改善体能的综合计划，它能让你感觉更好、更健康。强健的体魄能够为你带来的好处不止于此，它还让你有可能通过尝试更多的新事物来更好地享受生活，比如变得更加活跃和善于社交。同样，情绪自我管理也能让你做好准备，去采取一些重大的、积极的行动来构建更加幸福的生活。

正如我们在第一章中学到的，幸福由享受、满足和目标这些"宏量营养素"组成。要建立幸福感，我们需要持续并有意识地在这三个要素上成长。

在学习情绪自我管理的技能——元认知、情绪替代和采取向外的关注点之前，我们往往会花很多时间去做一些事情，反而让幸福的宏量营养素难以被获取。究其原因，是我们的冲动会被消费经济、娱乐和社交媒体所放大，促使我们把时间花在琐碎和让我们分心的事情上，比如金钱和商品、权力或社会地位、享乐和舒适，以及名声或他人的关注，而没有放在真正重要的事情上。当然，这些令人分心的事情并没有什么新意。13世纪哲学家和神学家托马斯·阿奎那列举了他称为世俗崇拜的四样东西：金钱、权力、享乐和声望，它们会占据我们的时间，浪费我们的生命。

这些世俗崇拜阻碍了享受、满足和目标的实现。它们用享乐来替换享受，将我们的"快乐水车"①的标准调到"超高"，让我们的满足感越来越难以达到和维持，并让我们的注意力集中在那些显然是微不足道和毫无意义的事情上。这四大世俗崇拜让我们更难获得幸福。

那么，我们为什么要追求这些呢？就像我们不开心却又无法改变现状时总是会做一些自我毁灭的事情那样，背后的原因是一样的：分散注意力。回想一下上次你因为航班延误而坐在机场等待数小时的场景。你很沮丧，但又没有办法改变现状，于是你开始刷手机来分散注意力和打发时间。

---

① "快乐水车"（hedonic treadmill）是一个经济学术语，是指收入增长，但快乐却不相应增长，即所谓的"有钱不快乐"现象。——译者注

同样，四大世俗崇拜也会分散我们的注意力，让我们对自己不喜欢但又觉得无法控制的情绪状况变得麻木。不喜欢你自己在婚姻中的感受？给自己来个"零售疗法"（retail therapy）[①]，让自己暂时忘却烦恼。工作让你情绪低落？刷一小时的社交媒体或无聊的短视频来忘掉烦恼。感到孤独？一点儿明星八卦就能分散你的注意力。我们被数以百万计的商业选择包围，十分便利地沉溺在这些分散注意力的东西里。（不快乐的人是最好的消费者。）

这些分散注意力的东西只是暂时的麻醉剂，并不能解决我们的问题。而且它们在分散我们对不舒服感受的注意力的同时，也阻碍着我们成长的脚步。更糟糕的是它们会让人上瘾，加剧了情绪控制我们的效果。

情绪自我管理会减少这些干扰因素的迷惑。如果你能打电话给别人解决因为飞机延误而带来的麻烦，那么你就可以立刻去做些事情，而不是漫无目地刷手机。当我们拥有管理情绪的工具时，世界上那些华而不实且消磨时间的东西就不再那么有吸引力，我们也就不会把时间浪费在这些东西上。我们不再被困在原地，我们愿意并能够为构建未来去努力，而不是在当下虚度光阴。

[①] "零售疗法"又叫"购物疗法"，是指人们通过购物来自我调节、释放压力、缓解负面情绪等的一种实现自我疗愈的方法。——译者注

这就引出了下一个大问题：如果不追求那些世俗崇拜，我们究竟应该关注什么？如果我们想要构建更加幸福的生活，而我们现在又有时间和精力去做这件事，那么建立幸福生活的支柱是什么呢？

关于这个问题，不仅有成千上万篇学术文章在探讨，大量自我提升领域的专家撰写的文章也涉及这个主题。基于这些资料，你可以准备一份清单，罗列出上万种逐步提高幸福感的小练习。你也可以在互联网上搜寻到数千种效果不确定的幸福"小妙招"（当然每月需要支付订阅费）。

幸运的是，如果我们把所有做得最好的社会科学研究放在一起，可以发现仅有四大幸福支柱脱颖而出，其重要性远远高于其他因素。这四大幸福支柱是我们每个人构建最幸福生活所要关注的最重要的事情，因此当我们投资自己和所爱之人时，它们值得我们给予最大的关注度。时间、注意力和情绪自我管理所释放的能量都将用在这些地方。

这四大幸福支柱是家庭、友谊、工作和信仰。

家庭： 家人是我们生命中被赋予的，通常我们无法选择（除了配偶）。

友谊： 我们与深爱却并非血亲的那些人之间的情感纽带。

工作： 这是我们为日常生计、为我们的生活和他人的生活创造价值而付出的辛勤劳动。可能有报酬，也可能是无偿的，在市场上或是在家里均可。

信仰： 这并不意味着特定的宗教信仰，而是对生活有一种超然的看法和态度的简称。

这些都是美好生活的基本，但并不是说生活中的其他事情都不重要。显然，你还需要照顾好自己的健康，你需要娱乐，你需要睡眠，你需要在财务上精打细算，诸如此类。但是家庭、友谊、工作和信仰是幸福的四大支柱，几乎所有事情都离不开它们。

当然，生活中的这些领域充满了挑战，其中有一些挑战极为艰巨，也正是这些挑战经常让我们分心。但现在，随着我们情感技能的提升和决心的增强，这些在家庭、友谊、工作和信仰方面的挑战将成为我们在爱和幸福中学习和成长的机会。这就是我们在接下来四章中要讨论的内容。

来自奥普拉的寄语

我所知道的关于如何让自己变得更加幸福的大部分知识都来自经验——我自己的经验和其他人的经验,而阿瑟则是通过学术研究来了解幸福的。这也是我们两个人之间的主要区别:在解释一件事情或表达一个观点时,我总有一个故事,而他总有一项研究(或是引用古代哲学家的一句话)来佐证。我们就是如此不同。

还有斯特德曼,他是我过去 30 年的生活伴侣和搭档。我们俩曾经在西北大学凯洛格商学院的研究生院共同教授一门关于领导力的课程,学生们都惊讶于我们两个人的差异。他是一个规划者和战略家。无论是打高尔夫球,还是在中国与商人交谈,他做任何事情都要先为结果设定一个愿景。而我恰恰相反，我活在当下，在直觉和本能的指引下采取下一步正确的行动。他从来不担心别人怎么想，而我在成年之后的大部分时间里都在努力消除自己讨好他人的方式。

还有我的好朋友盖尔·金。用性格测试的术语来说，我是"法官"，盖尔是"啦啦队长"。我冷静，她兴奋。我喜欢安静地开车，她喜欢边开车边听收音机（而且天哪，她还喜欢跟着唱）。我们一起从某次活动中离开时，我会说："哎，我等不及要回家了。"而盖尔会说："我原本可以在那里待整整一晚的！"

事实证明，阿瑟和我、斯特德曼和我、盖尔和我是互补的：不同的性格能够很好地融合在一起。而且让我们都感到高兴的是，研究表明这样的关系最为牢固和持久。

不同类型的关系是本书接下来这一部分的主题。首先聚焦于最亲近的关系——你自己以及你与家人相处的方式，然后逐渐放大到你的朋友、你的工作和与你共事的人，最后是你通过任何适合你的精神方式建立与"宇宙的威严"之间的关系。

在阅读的过程中，你会体会到我所认为的内在与外在的矛盾。事实上，正如我们在本书前面部分所看到的，改善你的内在世界最可靠的方法就是关注外在世界，因为内心幸福来自向外看。我并不是说幸福取决于外部环境，我们已经看到，等待别人或其他事物来让自己幸福是一场失败的游戏。我的观点是，我们的生命是在与其他人、与我们的工作、与大自然和神祇的相互关联中度过的——我们越是努力改善这些联系就越幸福。在接下来的几章里，你可以思考与你互动的人和事，以及如何让这些互动变得更好。你周围有哪些人和事？面对冲突时，你能做些什么？你如何才能带着目的生活，带着意义感做事？

这些问题引出了另一个悖论（也许在幸福的背景下，是一个悖论），这个悖论被我称为"超脱依恋"（detached attachment）。我学会了过自己的生活，这样我就可以专注于我所做的工作、我所创造的东西以及对我重要的人——不带有任何期望。这是我在电影《真爱》（Beloved）上映之后吸取的教训。这部电影改编自我很喜欢的一部小说，是我花了 10 年时间才完成的。而它的票房惨败，我也随之郁郁寡欢。

虽然在当时看来，这段经历可能会把我击垮，但围绕电影《真爱》所发生的一切最终让我获得了自由。如今，我所做的一切，我所创造的任何事情，我提出的任何建议，我给出的任何劝告，都只是一种给予。如果有用，那就有用；如果被接受，那就被接受；

如果没有用或没有被接受，我也没有任何损失，因为我不执着于某个特定的结果。这样的心态让我的生活幸福了很多很多，我希望你也能如此。但我所能做的只是希望，至于你怎么做，完全取决于你自己。

第五章

建立不完美的家庭

"我最幸福的时光就是和家人一起待在家里。"40 岁的安杰拉说道。她结婚 14 年了，育有 3 个孩子，从 4 岁到 12 岁不等，家庭对安杰拉来说是生活中最重要的部分。她虽然有兼职工作，但事业绝对排在家庭生活之后。

那什么时候最不开心呢？当被问到这个问题时，她想了一会儿，然后笑着承认："我想应该也是我和家人一起待在家里的时候吧。"

安杰拉这样的经历并不是个例。家庭能带给我们巅峰体验和至暗时刻。一方面，很少有什么事情能像家庭和睦那样给我们带来深深的满足感。皮尤研究中心在 2021 年调查了 17 个发达国家和地区中的 14 个，发现在美国乃至全世界，大多数人都认为家庭是他们生活意义的最大来源。[1] 另一方面，几乎没有什么事情比家庭冲突更让人心烦意乱了，即便是内心最稳定的人也会因此陷入混乱不安。对亲人健康和死亡的恐惧是美国人第二大和第四大最常见的恐惧。[2]（第一大和第三大恐惧是腐败的政府官员和核战争。）正是因为家庭对我们的影响是如此之巨大，将它建立为幸福生活的第一支柱是改善幸福感的最佳和最可靠的方法之一。

大多数人都会说他们想要一个"幸福的家庭"，但这到底是什么意思呢？"家庭"通常指的是与你生活在一起并且与你有血缘、收养或婚姻关系的人，如孩子、父母、兄弟姐妹和配偶。这些都没什么问题，难度较大的部分是要弄清楚"幸福"对整个家庭来说意味着什么，甚至说是否可能幸福。如果你是从电视中得到启发（通常来说这是个坏点子），你就会误以为你的家庭就应该像电影《反斗小宝贝》(*Leave It to Beaver*) 或《脱线家族》(*The Brady Bunch Movie*) 里的家庭那样。但这样的家庭在现实生活中并不存在。

也许一个幸福的家庭取决于孩子。毕竟，有句老话说得好，"你最不快乐的孩子决定了你的幸福水平"。为人父母，最绝望的感受之一就是看着自己的孩子受苦却无能为力。因此，也许幸福的家庭是没有不快乐孩子的家庭。但愿如此。那么，父母婚姻美满、从来没有被失业或者疾病困扰的家庭是幸福的家庭吗？这样的家庭我从来没见过。

事实上，真正"幸福"的家庭只存在于完美家庭剧编剧的脑海中，现实中并不存在。现实生活中的家庭是由各种各样的人组成的。这可能会产生一种最不可思议的爱——你无法选择而直接被赋予的爱。这也就不可避免地意味着大量的冲突。即便是在最好的情况下，家庭成员之间关系正常，家庭危机也在意料之中。研究者用了一组词来形容：家庭纽带因"独立与依赖之间的取舍以及在意与失望之间的紧张"而变得脆弱。[3] 这是"家庭生活可能一团糟"的学术表达。

有5种常见的挑战使家庭生活变得极为复杂，我们将在本章中一一介绍这些挑战。每一种挑战都与我们在本书前半部分介绍的我们所思考的个人问题类似，因此每一种挑战都可以运用相同的基本工具作为解决方案。重要的是，我们要记住：挑战其实是学习的机会，只要我们使用本书前面介绍的工具，就能在爱这个独特而强大的领域中成长。

挑战1　发生冲突

"幸福的家庭都是相似的，不幸的家庭各有各的不幸。"

这是列夫·托尔斯泰的小说《安娜·卡列尼娜》中著名的开场白。[4] 故事开始于伏伦斯基家的混乱时刻，父亲刚刚被发现有外遇。父母心烦意乱，孩子们"满屋子乱跑"，每个家庭成员都觉得继续生活在一起毫无意义。

即使伏伦斯基家的这种冲突从来没有在你的家中出现过，也可能还有其他类型的冲突——它们会给你带来强烈的不悦。也许你会将这些看作你把所有事情搞砸的证据，但其实冲突导致的家庭不和是一个信号，表明一些重要的事情应该在它该在的地方。你的沮丧恰恰说明家庭对你来说很重要。如果家庭不重要，你对自己家的冲突的感受就会和对街坊邻居家的冲突的感受一样：也许会有少许的担忧和同情，但肯定不会感到痛苦。

此外，你很清楚，试图逃避不快乐永远不是让生活变得更美好的正确方法。可以把冲突想象成在餐厅享受了一顿美味大餐之后的账单：让账单为零的唯一办法就是不点餐。冲突是丰盛之爱的代价。我们的目标并不是让冲突消失，而是以元认知的方式来管理冲突，可能的话以积极的情绪替代冲突，并且在必要时降低冲突带来的伤害。

家庭冲突是由什么造成的呢？一般来说，是家庭成员如何看待他们之间的关系与各自所扮演的角色不一致所导致的——换句话说，就是期望的不匹配。例如，父母倾向于从共享之爱的角度来看家庭纽带的好处，而子女通常是从互帮互助的角度来看。研究表明，父亲认为自己对关系的参与程度比孩子感受到的要更高[5]，同样，孩子也倾向于认为自己对家庭做出的贡献比父母认为的要更多[6]。所有这些都会产生怨恨，而当你爱的人辜负了你的期望时，产生怨恨是很自然的；当另一方似乎根本没有注意到这一点时，怨恨还会加剧。

期望的落空在家庭生活的其他方面也很常见。对那些在经济上早早就入不敷出的父母来说，自己的孩子们似乎胸无大志。他们在学校混日子，成年后可能会放弃结婚或生子，这些都会让父母失望或反对。同样，父母可能会以一种在成年子女看来自私的方式收回经济支持，或者更关心他们自己的生活而不是子孙后代的生活。兄弟姐妹之间也会在很多方面无法相互支持。

期望不匹配的最极端形式是价值观的违背，即一位家庭成员拒绝接受其他家庭成员的核心信仰。例如，孩子拒绝接受父母的宗教信仰，或是认为父母的某些信仰是道德败坏的。我们经常听到这样的故事，年轻人从大学回到家之后向父母宣布，他们对所有事情的看法都是完全错误的。

有些冲突本身会导致关系的破裂。研究人员在 2015 年发表的一篇文章中表明，在 65 岁至 75 岁并且至少有两个成年子女的母亲群体中，约 11% 的人与其中至少一个孩子的关系是完全疏离的。[7] 他们发现，造成疏离的根源在于价值观的违背，而不是行为规范的违反（比如，不践行他们的信仰）。（花些时间想一想这说明了什么：你的家人通常不太关心你如何生活，而更关心你对他们信仰的评价。）

承认家庭冲突是件好事，因为它能帮你改善沟通并提供解决问题的机会。反过来说，否认家庭冲突于事无补，因为家庭冲突往往不会因为时间而消失。但恰恰相反的是，研究表明，如果不去解决冲突，随着家庭成员年龄的增长，亲子关系和同胞关系依然会持续剑拔弩张——发展分裂假设（the developmental schism hypothesis）可以部分解释这一现象。[8] 因此，请接受一个事实，你们和几乎所有其他家庭是一样的，并且要抓住机会让事情变得更好。这里有三个方法可以帮到你。

首先，不要试图看透别人的想法。随着岁月的流逝，很多家庭都会陷入一种错误的倾向，认为沟通不需要说出来——每个人都明白彼此的意思而不需要说什么。这很容易造成沟通不畅。有证据表明，最好有一个清晰的家庭规则，要求每个人都能够为自己说话，也能倾听他人的声音。[9] 一个方法是定期召开家庭会议，让每个人都能在小事情恶化成重大问题或造成误解之前说出自己的想法。[10] 如果这么做太尴尬，那就针对那些最敏感的话题设置两个人一组的定期谈话。关键不在于要求任何人改变他们对你的行为或感受的反应，而是在你开始假设自己知道他们的反应之前，让他们有机会听听你的观点并做出回应。

其次，过好你的生活，但不要求他们改变价值观。家庭内部的疏离是一个悲剧——在遭遇虐待的情况下，这也许无法避免，然而在许多涉及自尊心的冲突中却是可以避免的。你必须自己来决定是否要分裂。但研究表明，家庭成员（尤其是父母）更容易接受和他们不一致的生活方式，而无法接受不同的价值观，因为后者会被他们当成一种个人层面的拒绝。[11]

也许这听起来不太符合道德规范，甚至有些虚伪，但事实却并非如此。许多人的价值观与他们所爱的人并不相同，但他们依然可以与这些不同的意见共存，而不会感到受伤或者愤怒，这是因为他们并不期望别人改变想法。而且他们并不执着于达成一致，也就不会因此而感到委屈。

最后，不要把家人当作情感的提款机。当人们把家庭视为提供帮助和建议的单向阀时——通常是父母给予，子女接受——怨恨往往双向产生，这很讽刺。谈话、拜访和电话变成了令人厌烦的、重复的采访，而不是对话。我们认为这种情况源于关系发展的滞后。例如，如果你刚刚成年，也许父母仍然把你当成少年；与此同时，你也很少或从未询问过他们的生活，或对他们产生真正的人文关怀。

不要指望你的家人会变成为你提供帮助和智慧的无底洞，也不要指望他们总是会不请自来地给你各种建议。你可以先从自己开始，像对待朋友一样对待家人，慷慨地给予并充满感激地接受情感支持。研究表明，当成年子女和他们的父母将彼此视为有过去的历史和局限性的个体时，换句话说，就是把对方当成真正的人时，他们之间的关系会得到极大的改善。[12]

挑战 2　缺少互补性

在有些家庭关系中，冲突是可以预料到的，比如青少年和父母之间的冲突。但在另外一些情况下，冲突就像一种真实的威胁，因为我们的文化告诉我们，冲突是不好的。这方面最具代表性的例子是配偶或者恋人之间的冲突。这种情况下的不和谐从来不会让人觉得是件好事，反而会被当作关系出了问题的证据。

那么如何避免与配偶或伴侣发生冲突呢？通过与彼此的契合。如果说关于恋爱生活有什么老生常谈的忠告，那就是你需要找一位高度契合的另一半。这种观点认为，当你和伴侣非常相似的时候，你们之间的不适和冲突会很少。如果你找到和你很相似的伴侣，那么你们之间相互的吸引力就会更强，这段关系的成功率也会更高。

然而，这种想法是错误的。只需想一想正在约会的那些人就知道了。几乎每个人都会使用约会软件，它让约会对象彼此契合这件事变得越来越容易。在你见到约会对象之前，你就可以从多个维度对她或他进行排序，从而提高"匹配"的可能性。少一点痛苦，多一点收获。但是有一个奇怪的现象：大多数的"约会者"（想要确定恋爱关系但尚未确定的人，或者只是随意约会的人）都备受折磨。[13] 在 2020 年的一项调查中，67% 的人表示他们的约会并不顺利[14]，75% 的人表示很难找到约会对象。

事实是，我们想要的契合度越高，爱情就越难寻找和维持。从 1989 年到 2016 年，20 多岁的已婚人士比例从 27% 下降至 15%。[15] 如果你认为这只是针对传统婚姻而言的结果，那恐怕要失望了。同一项调查显示，从 2008 年到 2018 年，在 18 岁至 29 岁的年轻人群体中，一年内没有过性生活的比例几乎增加了两倍，从 8% 上升到 23%。[16]

寻找和你有很多共同点的人被称为"同质相吸"（homophily），这是很自然的现象。作为一种自我感觉良好的生物，我们倾向于认为那些与我们相似的人比那些与我们不相似的人更具吸引力（不论是社交还是恋爱方面）。[17] 以政治观点为例，根据在线约会网站 OkCupid 的数据，在 2021 年的一项调查中，85% 的千禧一代表示，潜在约会对象的投票方式对他们来说"极其重要或非常重要"。[18] 在大学生群体中，71% 的民主党人和 31% 的共和党人表示，他们不会与投票给对立方总统候选人的对象约会。[19]

在受教育程度方面，同质相吸的影响力就更强了。研究人员发现，受教育程度是千禧一代最重要的约会标准，超过了收入潜力、身体素质，以及政治和宗教信仰。[20] 他们还发现，43% 拥有硕士学位的约会者会根据对方就读的大学对潜在的伴侣进行评价。

毫无疑问，两个人在基本价值观上的一些相似性对伴侣关系来说是有益的，但是过多的相似性也会让两个人付出巨大的代价。浪漫的爱情需要互补，也就是差异。20 世纪 50 年代，一位名叫罗伯特·弗朗西斯·温奇的社会学家提出了这一观点，他通过对伴侣进行访谈，评估成功伴侣和失败伴侣的人格特质。[21] 他发现，幸福感程度最高的伴侣往往在人格特质上能够彼此完善——比如一个外向，一个内向。

研究发现，比起性格相似的那组，当性格互补时，被指派组队执行任务的陌生人对彼此的感觉更温暖。[22] 在一项研究中，人们将自己理想中的浪漫伴侣描述为与自己相似，但实际伴侣的人格特质却与自己的人格特质不相关。[23] 我们可能会认为自己需要的是与自己相似的伴侣，但最终我们却选择了与自己截然不同的人去建立长期关系。

差异所产生的吸引力可能有其生物学根源。例如，科学家早就发现，如果父母在主要组织相容性复合体（MHC）这一组基因上差异很大，子女就会继承更多种类的免疫防御功能。我们没有人能在看到潜在配偶的第一眼就解读出对方的 MHC 基因，但有证据表明，我们可以通过嗅觉感知到其中的成分——尽管我们不会意识到这一点，因为我们的嗅觉神经元是在意识水平之下发挥作用的；而且我们更容易被那些基因"气味"与我们不同的人吸引。[24] 1995 年，瑞士动物学家让女性闻 T 恤的气味，这些 T 恤由陌生男性连续穿了两天，结果显示，这些女性更喜欢的 T 恤气味来自 MHC 基因与自己差异最大的男性。[25] 后来针对不同人群的研究也发现了同样的结果。[26]

尽管有证据表明，你在约会时确实不应该寻找另一个自己，但如今美国人寻找伴侣的最常见渠道（通过网站和应用程序）都是千篇一律的大杂烩。[27] 算法可以让人们以惊人的效率找到与自己相似的约会对象。[28] 这个过程也许可以减少纷争，但在寻找分身的过程中，你可能会忽略那些在心理甚至生理上与你互补的人。

这种对于契合度的追求已经蔓延到了老夫老妻如何看待他们自己的问题上。如果你已经在一段关系中待了很长时间，却还在努力维持着这段关系，那么你很可能会认为你们根本就不够合拍。当然这是有可能的，每一对伴侣都需要一些共同点。但更有可能的是，真正的问题在于你和伴侣没有努力将你们之间的差异转化为健康关系所需要的互补性。

要是想让你们的爱情生活有更多的互补性，你可以做三件事情。第一，寻找性格和品味上的差异。例如，如果你正在约会，可以找一个在内向与外向维度上和你不一样的对象。如果你们想要向彼此分享前一晚参加派对和后一晚独处的乐趣，你们将会从对方身上学到很多东西（关于这一点你会在下一章中看到）。这种方式可以扩大潜在伴侣的范围，也让生活变得更有趣。如果你已经结婚多年，请列出你的伴侣在哪些方面与你不同。例如，假如你是一个爱操心的人，而你的伴侣不是，那么你很可能会因为她或他"不够上心"生活中的大小事务而抓狂。相反，可以把你的伴侣重新归类，变成可以为你点亮生活艺术的个人顾问（你可以成为他/她的个人威胁侦查者）。

第二，多关注真正重要的事情。太多的伴侣会纠结于一些荒谬的分歧，比如政治话题。如果有需要，你们可以一起罗列出生活中你们都认为重要的10件事情。如果你们有孩子，孩子可能是排在第一位的。你们各自的原生家庭、信仰和工作也都会排在前面。政治以及其他争论的焦点即便能上榜，也会排在末尾。从现在开始下定决心，将你们在一起的时间集中在重要的事情上。

第三，如果你正在约会，让周围的人代替机器来为你牵线搭桥。在过去的30年里，认识潜在伴侣方面最强劲的趋势之一就是不再通过朋友安排约会。DatingAdvice.com网站的调查发现，54岁至64岁的人群中有一半以上有过相亲经历（约会双方互不相识，由别人安排约会），而18岁至24岁的人群中，这一比例只有20%。[29]从表面上看，这是有道理的：既然只需要点击几下鼠标就能找到更匹配的人，为什么还要浪费一顿晚餐的时间，根据别人的推荐去认识一个人呢？

读到这里你就知道原因了：传统的相亲一般都是由了解你的熟人安排的，他们会考虑你的性格和相亲对象是否合适。你对网络约会档案的依赖程度越低，你就越能摆脱偏见，也就越能依赖更原始的机制——比如你的鼻子。当然，这个策略只有在你的朋友了解为你牵线搭桥的对象时才有效。如果你请朋友们帮忙，但他们总是无功而返，这可能说明你需要扩大自己的社交圈了。

挑战 3　长期处于消极情绪之中

健康的家庭并不排斥冲突。然而，冲突不同于长期的消极气氛，后者会危害家庭生活。

在家庭或者任何紧密团结的团体中，文化氛围决定了成员解决问题的能力。就像室内气温一样，如果家里的温度是 100 华氏度（约 38 摄氏度），而你觉得太热了，那么不管你脱多少件衣服，还是会觉得太热。同样，家庭中消极的文化氛围也会让问题得不到解决。在这种情况下，不会有任何成长或学习，只有长期的不幸福。出现这种情况的原因通常是情绪感染（emotional contagion），心理学家对此进行了广泛的研究。[30] 没有什么具体的问题需要解决，只有一种"糟糕透顶"的态度在家庭成员之间蔓延。

摆脱消极情绪的感染可能很难，但更重要的是，当遭受折磨的人是我们真正深爱的人，尤其是我们的家人时，我们并不想回避他们的悲伤、沮丧、恐惧或焦虑。我们想要伸出援手，这很好。如果我们想要成长和解决问题，就不应该把自己的消极情绪拒之门外，我们可以通过接纳所爱之人的情绪来帮助他们。但在这个过程中，我们不必承担他们的不愉快。

当然，情绪感染并不都是消极的。你可能会想起，生活中有些人似乎总是能让你会心一笑，还有一些人则会让你感到温暖和慷慨。研究人员甚至对积极的情绪感染进行了研究，结果发现，如果生活在你周围一英里范围内的朋友或家人变得更开心，会让你变得更开心的可能性提高 25%。[31] 但是不开心的情绪更具感染性，传播速度也更快。[32] 一场会议中的消极情绪可以在几秒钟内传遍整个会议室。

人与人之间的情感传递是通过一些机制来实现的。[33] 最直接的就是对话。在对话中，你通过面部表情、声调和姿势来传递自己的情绪和接受他人的情绪。你可能已经发现了，与某些人交流时，即便事情并不那么有趣，你也会比平常笑得多；而与另外一些人在一起时，你会抱怨更多鸡毛蒜皮的事。

非常矛盾的是，也恰恰是由于信任，消极情绪的病毒也可能从学校或者工作场所被带回家。如果你的孩子很小，或者你曾经有过带孩子的经验，就会知道有时候明明孩子在学校里一整天都很好，但当孩子看到你来接他们时，就会一边哭一边告诉你他们经历了多少可怕的事情。因为信任你，所以他们把一整天的困难都留下来告诉你。这感觉像是惩罚，但实际上却是爱的表达。（顺便说一句，成年人也会这么做，在工作中一整天都保持微笑，然后在家里抱怨一晚上。）

你可以从生理上"捕捉"到别人的情绪,至少在一定程度上是这样的。在一项实验中,吸入恶心气味的人和仅仅是观看厌恶表情的视频片段的人,大脑的相同部位会被激活。[34] 正如我们之前了解到的,在疼痛体验中也发现了类似的结果——仅仅是看到别人受伤害,你的大脑就能感受到疼痛。[35] 这个现象对生活在一起的人来说尤其如此。[36]

情绪感染的概念并不新鲜。在1800多年以前,斯多葛学派哲学家马可·奥勒留在担任古罗马皇帝时,曾在可怕的安东尼瘟疫肆虐期间写到了有关情绪感染的内容。[37] 当时那种病毒每天导致2000多人死亡。[38] 奥勒留写道:"心灵的堕落是一种瘟疫,比我们呼吸的任何瘴气和污浊的空气都要糟糕得多。后者对生物来说是一种瘟疫,影响着它们的生命,而前者对人类来说是一种瘟疫,影响着他们的人性。"[39] 在新冠疫情期间的封锁中,家人们被一起隔离,许多人经历这件事之后都能深深体会到这一点。最糟糕的情况往往是家庭成员开始传播一种可怕的态度,而每个人都会受影响。同样,在全家人一起度假期间,你可能宁愿家人在度假时感冒,也不愿让糟糕的情绪毁掉所有的乐趣。

对很多人来说,避免感染消极情绪的方法就是避开不快乐的人,就像避开任何传染病一样。但是当爱超越了烦恼——当不快乐的人是配偶、父母、孩子、兄弟姐妹——而你选择和他们共处一室、同舟共济时，研究揭示了 4 条经验，告诉你如何向爱的人伸出援手，同时又不会因此影响文化规范。

首先，正如我们在本书中所展示的，"先戴上你自己的氧气面罩"。在试图改变家人的幸福和不幸福之前，先解决自己的幸福和不幸福。这似乎与之前提到的让你要更多地关注他人的研究相矛盾。二者还是有区别的——你需要先保护好自己，才能更好地帮助其他人。假设你和一位郁郁寡欢的父亲或母亲生活在一起，或者和他 / 她住得很近，你可以从关注自己的幸福开始每一天：运动、冥想或给朋友打电话。可以的话，给自己一两个小时，远离不快乐的人，专注于自己喜欢和感恩的事情。这将为你提供鼓舞他人所需要的幸福储备。

其次，尽你所能不要把消极情绪个人化。无论有没有发生冲突，认为别人的不快乐表现是专门针对你的，都是人之常情。将消极情绪和冲突变成个人化的倾向是不快乐最有力的传播方式之一。研究这种倾向的心理学家发现，将消极情绪视为个人问题会导致反刍，从而损害你的身心健康，并通过驱动你回避他人并寻求报复来破坏你的人际关系。[40]

如果你要照顾一位郁郁寡欢的家人，甚至只是和他共处一室，那么每天都要提醒自己："这不是我的错，我不会往心里去。"用看待身体疾病的方式来看待不快乐。病人可能会因为单纯的挫败感而发泄并责怪你，但是你并不需要接受这种指责，除非对方遭受的伤害是由你造成的。

再次，用惊喜打破消极文化。帮助他人变得快乐并不是一件简单的事情。例如，说一句"振作起来！"——心理学家称之为重构法——通常会适得其反。[41]（只需要试想一下情绪低落时，别人说这句话之后你的感受。）更好的方式是让不开心的那个人参加一项你认为他/她会喜欢的活动，效果会好很多。研究表明，相比于什么都不做、压抑坏的情绪或憧憬美好时光，积极参加愉快的活动更能改善情绪。[42]

但有一个问题：研究人员还发现，让不快乐的人想象愉快的活动（这是提前计划活动的必要步骤），会让他们更不愿意参加这些活动。这是因为鼓励他们去想象某种愉快的心情似乎很难，从而使参加快乐的活动也变得困难重重。即使平时很喜欢骑自行车，但当你悲伤或抑郁时，骑自行车也会像一件苦差事。然而，如果有家人约你一起骑车，你可能就会答应，并且也更有可能乐在其中。

最后，防止扩散。到目前为止，所有的建议针对的都是想要帮助不快乐的家人的人，而如果你本人就是那个不快乐的人，请记住你所爱的人也想帮助你。帮助你可能会让他们更快乐，更重要的是他们也不希望你受折磨。只是为了让别人更舒服而孤立自己或假装快乐，对任何人都没有好处。相反，积极与他人沟通有助于保持健康的关系。也许这意味着告诉你的兄弟姐妹："我想让你知道，虽然我现在正在经历一段艰难的时期，但这不是你的错。"又或者，如果你在一天中的某些时间段感到情绪格外低落，你可以在这些时段采取策略性回避。最重要的是，也许你无法让自己的情绪好起来，但你能够选择如何与他人交谈以及如何对待他人，这样一来，当你需要帮助时，爱你的家人才会有更多的精力来帮助你。

挑战 4　拒绝原谅

你有没有听说过南印度的"捕猴陷阱"[43]？这个陷阱装置是在一个挖空的椰子里面装一些大米，将椰子用铁链拴住。椰子的顶端有一个洞，洞口的大小刚好够猴子把手伸进去，但又不足以取出一把米。村民会远远地观看，一只饥饿的猴子会把手伸进去，然后被卡住，猴子做不到或不愿意用放弃它抓起的这把米来换取自由。这时候，村民就可以走上前把猴子带走。

在你想要刻薄地嘲笑"傻猴子"之前，问问自己，当面对家庭生活中的冲突时，你是否也在做同样的事情。你是否一方面希望周围的文化氛围更加温暖，另一方面又被无法化解的愤怒所束缚？如果是这样，你就被情绪的捕猴陷阱困住了。

你并不孤单，我们在家庭中时常会遇到这种情况，而不仅仅是在我们通过断然拒绝原谅而紧紧抓住不良情绪不放这样显而易见的情况下。有时，即便已经原谅了别人，我们也会破坏自己渴望的自由，无论是因为内心深处仍然怀有怨恨，还是因为我们耿耿于怀以备日后用来对付曾经伤害过我们的人。为了获得更大的幸福和自由，我们需要放弃这种部分原谅。

2018年，学者们确定了4种成功的原谅策略，家庭成员可以在发生误解或者冲突后，使用这些策略来修复关系：讨论（"让我们好好谈谈，好让我放下伤痛"），明确的原谅（"我原谅你"），非语言的原谅（例如在争吵后表达爱意），以及最小化（即把过错归类成是不重要的并选择忽视它）。[44]研究人员发现，这4种策略都可能有效，选择哪一种通常取决于不满的严重程度。[45]例如，讨论策略最常用于最严重的冒犯，例如婚姻中的不忠；最小化和非语言的原谅策略最常用于程度最轻的冒犯，比如晚餐迟到。明确的原谅策略可能最适用于严重程度介于两者之间的冲突。

通过谈话解决问题或者告诉某人"我原谅你"，是需要付出很多努力的，而且会伤害你的自尊心，并且可能意味着放弃一些你想要的东西。因此，人们有时会尝试一些看似能解决争端的捷径，但最终却行不通。

研究人员写过一些关于"有条件的原谅"（conditional forgiveness）和"伪装原谅"（pseudo-forgiveness）的文章。前者是指推迟判决并做出一些规定（"当你做到 X 和 Y 时，我就会原谅你"），后者指的是另一方决定压抑或忽视某个问题而没有真正原谅（不要与最小化策略混淆，这两者是不同的）。[46] 有条件的原谅可以为受伤害的伴侣提供研究人员所说的情感保护，即一种安全感，但对受伤害的伴侣来说，也可能会使伤口继续裂开。伪装原谅会延续不幸福的家庭关系，因为并没有达成真正的原谅，而研究表明这种情况对关系的存续来说是个坏兆头。

有条件的原谅和伪装原谅对受委屈的家庭成员来说可能很有吸引力，原因有很多。有条件的原谅为受害者提供了凌驾于过错方之上的权力，是一种以真正的原谅为诱饵去获得期望行为的方法；伪装原谅解决不了任何问题，反而会让人产生怨恨，这份怨恨在愤怒的时候会被利用；有条件的原谅和伪装原谅都是捕猴陷阱——在逃离愤怒和痛苦之上，人们选择了那把情绪的大米。

为了防止掉入情绪上的捕猴陷阱，你需要有意识地选择不陷入其中。放下大米需要耐心和自制力。首先，当你选择原谅的时候，要记住解决冲突并不是施舍——它主要是为了让你受益。捕猴陷阱的隐喻清晰地表明了这一点，古老的智慧也展示了同一个道理。公元 5 世纪的佛教圣人觉音大师写道，当一个人沉溺于愤怒而拒绝原谅时，"你就像一个想拿起燃烧的煤块打人的人……结果先烧伤了自己"[47]。大量的现代研究支持了这一观点，表明原谅能让原谅者自己身心受益。[48]

其次，扩大解决冲突的范围，尤其是当你以前尝试过的方法都不起作用时。也许你是一个天生的最小化策略使用者，当你可以很轻易地忘掉家庭成员对你做的错事时，就会很快原谅他们。而与你发生冲突的人可能会认为事态严重，无法通过这种方式解决。如果你是那个受伤害和受委屈的人，可以将解决策略升级为明确的原谅；如果问题是双方共同造成的，可以尝试讨论的策略，把问题摊开来说清楚。

最后，不要太快否定最小化策略。在很多情况下，比起试图解决冲突，放弃冲突才是最完美的解决方案。问问自己，你的争论是否真的重要到要切断和所爱之人的联结，然后再采取相应的行动。

挑战 5　不诚实

你是否有不敢与家人分享的事情？你不把自己的想法说出来，一定有很多充分且合乎逻辑的理由，尤其是当其他人强烈表达了不同意见时。冒犯别人的感觉很糟糕，而且会导致不愉快的结果。尽管你的内心在大声尖叫着反对，但表面上的忍气吞声或点头顺从可能更实用。

然而，也许真正的爱的行动，是不再回避问题，是简单地向外看并说出你所看到的——勇敢一些，为了建构一个能够承受真实的家庭而努力。

20 世纪 90 年代，作家兼心理治疗师布拉德·布兰顿在他的《激进的诚实》（*Radical Honesty*）一书中提出了这样的观点：当真相让人难以接受时，说出真相可能会付出代价，包括家庭关系的破裂。[49] 但是布兰顿建议，完全的诚实（没有善意的谎言，没有例外的借口）是值得这些后果的，因为它可以减轻压力，加深与他人的联结，减少情绪反应。

如果你学习的是"我们别这么做"的家庭关系学派，可能会对这一论点持怀疑态度。尽管如此，研究结果依然支持诚实。压抑自己情感和信仰的家庭并不处于最佳的状态，因为家庭成员无法全身心地投入关系。为了避免冲突带来的不快乐，他们最终也会失去更多的亲密和理解所带来的快乐。

为什么我们要对所爱之人隐瞒真相，甚至撒谎？尽管我们会说这么做是在保护别人，但实际上背后的动机通常来自我们对自己的关注。我们希望提升其他人对我们的评价（"学校一切顺利"）、避免冲突（"我同意你的政治观点"）或保护其他人（"爸爸，你看起来气色很好"）[50]，还有纯粹的懒惰。当妈妈问你"觉得晚餐怎么样"时，你可能没有什么精力去解释晚饭太咸了。

有些谎言可能会让生活更轻松，但就像大多数向内聚焦的行为一样，它们并不一定会让生活更幸福。谎言一旦被发现，往往会损害信任。在家庭生活中，即便是小小的善意谎言也会造成这种伤害。当对家人说一些我们认为他们想听的话时，我们就会把他们当成避免冲突的陌生人。试想一下，当发现伴侣认为简单地开玩笑来搪塞你会更容易时，你很有可能会觉得非常苦恼。想要更加幸福，亲密胜过一时的和谐。

诚实的关键在于对他人有足够的爱，以完全透明的方式做自己，哪怕对你们双方来说都很困难。当然，说起来容易做起来难，尤其是如果你的家庭长期以来都习惯于把事情闷在心里不说。幸运的是，心理学家的研究可以帮助你开始改变。

首先，在你自己诚实之前，要征求并接纳来自他人的诚实。有些人很愿意对所有人说真话，不管会得罪谁，但当他们面对难以接受的真相时，就变得像刺猬一样。喜欢批评别人却又无法接受别人的批评是自恋者的典型特征，如果用不那么学术的语言来表达，这种方式是薄脸皮浑蛋的风格[51]，这种行为不是爱的表现。

向自己承诺要做到诚实，首先要从对自己诚实开始，并努力寻求和接纳来自他人的诚实，尤其是来自所爱之人的诚实。从你最亲近的人开始，询问他们眼中的真相，并承诺在他们给出真相时你不会生气。请注意，他们的想法不是事实，这意味着你必须运用你的判断，让你听到的真相影响自己的行动。此外，有时候他们可能会冒犯你，但你也可以选择不生气。

其次，说出真相是为了疗愈，绝不是为了伤害。一般来说，我们无法发挥出说服彼此能力的原因在于，我们把自己的意见当作武器而不是礼物。在涉及真相时，这个原则甚至会有更大的影响。如果你为了便于隐瞒真相，而在受伤时用它来伤害别人——就像我们在与家人的情绪化争吵中经常做的那样——那么你的诚实就不是爱的表达。去寻找别人的优点而不是缺点，如果做到了这一点，你所说的大部分真话都将是真诚的赞赏和表扬。

最后，让真相变得有吸引力。如果有时候你确实需要给出一个不那么积极的评价，那就想办法把它重新打造为一个成长的机会。与其告诉别人"你错了"，不如说"你可以试着换个角度来思考这个问题"。当然，你诚实的反馈并不总是会得到感激，但它可以减轻打击。

也许对你的家庭来说，这种非常真实的表达原则会让你觉得有些疯狂。慢慢来，告诉你的家人这就是你想要的，这样你们所有人都能更好地相互理解。一点一点地做，一切都会变得容易起来。你们都会少一些自我保护，多一些大度。这和锻炼有点像：需要一些时间，但逐渐会成为一种习惯，然后它会变得像是一种必需品。当你练成了这块肌肉，你就可以把这份诚实向外拓展到朋友和陌生人身上。但永远要记住，这样做的同时要伴随着疗愈和吸引，这样你的诚实就可以持续成为一项爱的行动。

与家庭和解的 5 个方法

家庭生活是一种如此独特的快乐，任何致力于创造更加幸福生活的尝试都不能忽视它。但是，即便是适应力最强的家庭也会面临挑战，尤其是在冲突、契合度、消极情绪、原谅和诚实方面。总而言之，以下是将每一次挑战都转化为成长源泉的主要经验。

1. 不要回避冲突。如果你了解冲突的根源并恰当处理，冲突就是你的家庭学习和成长的机会。

2. 你很自然地认为契合度是关系成功的关键，而差异会带来冲突。事实上，你需要足够的契合度来运转，但并不需要过多的契合。你真正需要的是互补性，来使你成为一个完整的人。

3. 一个家庭的文化会因为长期处于消极情绪之中而变得不健康。这是一个基本的情绪管理议题，但它适用于群体而不是你个人。

4. 所有家庭的秘密武器都是原谅。几乎所有无法解决的冲突都源于无法化解的怨恨，因此，明确和含蓄地原谅彼此是极其重要的。

5. 开宗明义的原谅和几乎所有困难的沟通都需要以诚实为原则。如果家人向彼此隐瞒真相，他们就不可能亲密无间。

最后一点：如果你与家人的关系困难重重，努力改善这一关系也许有时候会让你觉得徒劳无功，面对这种情况，最简单的就是甩手不干了。几乎每一天，我们都会听到世界各地的人说，他们被家庭问题困住了，似乎无计可施。也许你会说："我只想远离这些人，然后继续过我的生活。"

放弃几乎总是一个错误，因为从某种角度来看，"那些人"就是"你"。你的伴侣让你更加完整，你的孩子让你可以看到自己的过去，你的父母让你可以看到自己的未来，你的兄弟姐妹让你看到了别人对你的看法。放弃这些意味着你失去了对自己的洞察力，也就失去了一个人获得自我认识和进步的机会。可能的话，永远不要放弃你无法选择的人际关系。

那么，你主动选择的人际关系呢？这些关系就是你的友谊，是我们的人生需要关注的下一部分。

第六章

寻找真正的友谊

"从童年时起,我就一直与别人不一样。"埃德加·爱伦·坡在他1829年的诗作《孤独》(Alone)中写道。[1]这首诗详细描述了他无法与他人进行情感交流、分享喜怒哀乐的经历。"我所爱的一切,我独自去爱。"

坡并不是一个特别孤独的人物,他成长于一个相当普通的家庭,上过学,服过兵役。然而,除了他的表妹弗吉尼娅,他从未与其他任何人建立过深厚的关系。弗吉尼娅在13岁时与他结婚(当时他27岁),但几年后她死于肺结核。

根据坡的讣告,坡"几乎没有朋友"[2]。大多数人根本不值得他浪费时间。不是没有人愿意和他做伴，而是他不太愿意与他们为伍。再来看看他的讣告："他已经下定决心要面对社会上无数复杂的事物，而他所处的整个体系对他来说都是一个骗局。"他的孤独是他自愿承担的。

尽管如此，坡还是因为没有朋友而痛苦不堪，他用酒精和赌博来麻醉自己。40岁去世之前，可能是在酒精中毒的情况下，他承认了自己的问题。"我并不是为了追求享乐而毁掉了生命、名誉和理智，"他说，而是出于"一种难以忍受的孤独感"。[3]

友谊是创造美好生活的第二大支柱。会见朋友可以减轻最沉重日子的负担。人生中很少有比挚友久别重逢更美妙的事情了。没有朋友，任何人都无法茁壮成长，这是几十年的研究得出的明确结论。[4] 无论是内向的人还是外向的人，在对其幸福感的影响中，友谊几乎占到了60%。[5] 即使是在其他许多事情都不顺利的情况下，有亲密朋友相伴的生活也可以感受到幸福。没有亲密朋友的生活，就像是冬天（在马萨诸塞州）没有暖气的房子。

不幸的是，后一种情况在我们的社会中越来越常见。社会科学家在调查中会问这样的问题："你上一次和别人私下交流感受或问题是什么时候？"在过去的30年里，对这个问题回答"从不"的美国人的比例几乎翻了一番。[6] 1990年以来，自称好友少于三人的美国人比例也翻了一番。[7]

造成这种情况的原因听起来很像"坡氏综合征",而且是大规模的。我们故意忽视友谊,甚至将友谊拒之门外。我们对屏幕和社交媒体的迷恋使我们比以往任何时候都更容易感到孤独,许多年轻人甚至坦言,现在面对面交朋友会让他们感到尴尬或害怕。我们恶劣的文化冲突也破坏了完美的友谊。民调数据显示,2016年以来,约有1/6的美国人出于政治原因不再与朋友或家人交流。[8]

当然,还有新冠疫情的影响。不止你一个人发现自己的生活没有恢复到2019年之前的"常态"。在2022年3月进行的一项民意调查中,59%的受访者表示,他们仍未完全恢复新冠疫情之前的活动状态。[9]对幸福而言更为严峻的是,与"以前"相比,现在许多人不再把社交娱乐放在首位。在疫情隔离封锁结束很久之后的一次民意调查中,21%的受访者表示,新冠疫情暴发后,社交对他们来说变得更加重要,但35%的受访者表示社交变得不那么重要了。[10]许多人对社交感到焦虑,首要原因是"不知道说什么或者如何互动"[11]。我们当中的很多人已经忘了如何与他人做朋友。

好消息是,重新学习交友技巧和重启旧关系永远不晚。只要掌握正确的信息,几乎所有的挑战都能迎刃而解。在本章中,我们将总结人们最常面临的五个挑战，探讨如何用你的情绪管理技巧将它们转化为宝贵的机会。

挑战 1　看清你的性格

据说，埃德加·爱伦·坡是一个内向的人。也许你也是，而且你认为这是阻碍你结交更多朋友和与人亲近的一个因素。但是这并不是必然的。如果你运用得当，看似阻碍你结交更多朋友的性格障碍可能会成为你的力量源泉。

衡量友谊健康状况的一个简单指标是你有几个朋友。你可能会在一些地方读到，需要 3 个、5 个，或者其他特定数量的朋友才会快乐。这是很武断的说法，并没有考虑到你的具体性格。有一个经验法则：除了伴侣，你至少需要一个亲密的朋友，而现实中你能够花足够的时间去经营亲密关系的友谊上限，大概是 10 个人。具体的数量取决于你，尤其取决于你的性格是内向还是外向。如果处理得当，这两种性格没有优劣之分，但每一种性格都会遇到各自的困难。

心理学家将外向/内向的性格特征视为大五人格的维度之一，其他维度包括宜人性、开放性、尽责性和神经质。[12] 20 世纪 80 年代以来，大五人格理论一直是心理学的主流理论。但在此之前，内向与外向二元类型就由瑞士精神病学家卡尔·荣格于1921年提出，他认为这两类人群有不同的主要生活目标。[13] 荣格认为，内向型的人寻求建立自主性和独立性，而外向型的人寻求与他人的联结。这种刻板印象一直延续至今。

出生于德国的心理学家汉斯·艾森克在20世纪60年代进一步发展了荣格的理论，认为我们的基因决定了我们的相对外向程度。[14] 他认为，与内向型的人相比，外向型的人更难达到皮质觉醒，即大脑的警觉水平，因此外向型的人会在他人的陪伴下寻求刺激，最好是新朋友的陪伴。[15] 关于艾森克所提出的理论，随后的研究得出了不一样的结果，但发现不同群体之间确实存在着明显的认知差异。[16]

通常来看，外向型的人比内向型的人更幸福。2001年，牛津大学的一群学者将调查对象分成四组：幸福的外向型、不幸福的外向型、幸福的内向型和不幸福的内向型。[17] 幸福的外向型的数量更多，与幸福的内向型数量的比例大约是二比一。对于内向型和外向型之间的幸福感差异，一种常见的解释来自荣格和艾森克等人的刻板印象：人类天生就是社会性的动物，所以和人接触会带来快乐；外向型的人寻求人际接触，所以他们的幸福感更高。

外向型的人在热情方面也有天生的优势。根据20世纪60年代一位著名的精神分析学家的观点，这是"一种激情澎湃的精神状态"——热情是与幸福感最密切相关的人格要素之一。[18] 对生活充满热情会让人获得更多乐趣，心情更好，还能降低社交退缩的倾向。

内向型的人喜欢独处，常常在交际方面遇到烦恼，但这并不意味着他们不需要朋友，只是说他们可能更难建立新的友谊。另一方面，外向型的人面临着不同的挑战：深入交往。他们倾向于在很多交情不深的朋友中间游走，而当危机发生时会发现自己的生活陷入空虚，因为他们找不到一个了解他们、深爱他们的人。

不管你是内向型的人还是外向型的人，只要可以管理好自己，你的性格就不会阻碍你建立真正的友谊。一个好方法是从与你性格相反的人身上吸取教训。例如，几乎每个人的幸福源泉都是对未来的希望、生活中的目标感和自尊。外向型的人喜欢与其他人谈论他们的未来、梦想和人生目标。正如心理学家一直以来证明的那样，我们倾向于遵照我们向他人的承诺行事，因此，外向型的人会习惯于把自己的目标告诉遇到的每一个人，这样就会让他更有可能实现目标，从而变得更幸福。[19] 内向型的人觉得与陌生人分享个人的希望和梦想很不自在，他们会做的是与亲密的朋友一对一地谈论他们脑海中的空中楼阁。

同时，外向型的人应该向内向型的人学习如何建立和维持深厚的友谊。这对外向型的人来说并不容易，因为他们喜欢人群、观众、新鲜的接触和刺激。研究表明，外向型的人倾向于与其他外向型的人建立大量低深度的友谊。[20] 外向型的人应该每年设定一个目标，加深一段友谊。做到这一点的方法是组织社交活动，特别是围绕深刻的主题进行一对一的对话，而不是总是三五成群地聚在一起。避免诸如兴趣爱好和政治之类的琐碎话题，转向信仰、爱情和幸福等深刻的话题。这么做会加深你和一些人的友谊，同时也会让你快速了解到你需要在其他方面寻找深度。

挑战 2 "希望他对我有用"

你的朋友对你有用吗？"希望他对我有用。"你可能这么说。但这是对幸福的误解。

请列出你脑海中跳出来的排名前 10 位的朋友名单。有些朋友是当你有任何愚蠢想法时都会给他发短信的，有些朋友是你一年只打几次电话的，有些朋友是你仰慕的，有些朋友是你喜欢但并不特别崇拜的。对其他人来说，你也属于这些类别——也许你对一个人来说是帮手，对另一个人来说是知己。你在不同的关系中有不同的收获，这一切都很好。

有一种朋友几乎每个人都会有：你可以从这位朋友身上获得需要或想要的东西。你不一定要利用这个人，因为利益可能是相互的。但是这段友谊的核心益处不仅仅是情谊，还在于他或者她是有用的。

这样的关系被一些社会科学家称为"应急的友谊"（expedient friendships）——我们可以称这些朋友为"交易朋友"（deal friends），这可能是我们大多数人拥有的最常见的朋友关系类型。[21] 2019 年对 2000 名美国人进行的一项社会调查发现，成年人平均拥有的朋友数量大约是 16 位。[22] 其中，大约有 3 位是"终生好友"，5 位是他们真正喜欢的人，而另外的 8 位并不是他们愿意一对一打交道的人。我们可以由此推断出来，这些友谊本身并不是目的，而是为了实现其他目的，比如促进你的事业发展或者缓解社交压力。

应急的友谊可能是生活中令人愉快的一部分，当然也是有用的一部分，但它们通常不会带来持久的喜悦和舒适。如果你发现社交生活让你感到有些空虚和不充实，有可能是因为你有太多的"交易朋友"，而缺少真正的朋友。

许多研究表明，预测中年幸福感的最佳指标之一是能够说出几个真正亲密的朋友。[23] 正如我们刚才所讨论的，朋友的数量不一定非得是 10 个，事实上，随着年龄的增长，人们往往会进一步缩小朋友的范围。[24] 然而朋友的数量必须多于 1 个，而且这个名单应该延伸到你的配偶或伴侣之外。

因此，我们更应该诚实地评估自己的友谊。古希腊哲学家亚里士多德在《尼各马可伦理学》中提出了一个简便的方法。[25] 他认为，友谊可以按照一种阶梯的方式来分类。在最底层（人们在情感上的联系最少，所以承诺最薄弱）通常是基于工作或社交中对彼此的效用而结交的朋友，这些朋友是同事、交易伙伴或者只是那些能彼此帮忙的人。更高层次的友谊建立在愉悦的基础上——你喜欢并欣赏对方的某些方面，比如他们的智慧或幽默感。最高级别的友谊是美德友谊，亚里士多德称之为"完美友谊"。这些友谊本身就是目的，而不是其他任何东西的工具。亚里士多德说这样的友谊是"完整的"——追求友谊本身，并在当下充分实现。

这些层次并不是互相排斥的。你可以和一位朋友拼车上班，这位朋友身上的诚实品质是你想要努力效仿的。关键是要根据友谊的主要功能对其进行分类。

你可能无法用语言来表达，但你可能知道这些"完美友谊"给你带来的感受是怎样的。这样的友谊通常有一个共同的特点，那就

第六章　寻找真正的友谊

是对于你们俩之外的事物的共同热爱,无论这些事物是超凡脱俗的(如宗教)还是单纯有趣的(如棒球),它们都与工作、金钱或野心无关。这些亲密的友谊能给我们带来深深的满足感。

与这些真正的友谊相比,"交易友谊"(处于亚里士多德提出的友谊阶梯中最低层次的友谊)就不那么令人满意了。它让人感觉不完整,因为它没有涉及整个自我。如果人际关系对工作表现来讲很必要,这种情况可能需要我们保持职业风范。但我们不能通过对抗、艰难的对话或亲密关系来冒险建立这些关系。

不幸的是,社会诱因促使许多人倾向于认识"交易朋友"而远离"真正的朋友"。美国工人每周平均工作 40 小时,而领导层的工作时间比这要长得多。[26] 我们大多数人都与别人一起工作,因此在工作周里,我们陪伴家人的时间比和同事在一起的时间还少,更别提陪伴工作之外的朋友了。这样一来,"交易朋友"就很容易挤走"真正的朋友",让我们失去了和真实朋友在一起的乐趣。

那么你打算怎么做呢?首先,回到你罗列的 10 个朋友的名单。在每个名字旁边写上"真正的朋友"或"交易朋友"。毫无疑问,其中有一些人是需要你反复斟酌的。没关系,尽力而为就好。然后,看着"真正的朋友",问问自己他们当中有多少人真正了解你——他们会在你稍有不对劲的时候问你："你今天感觉还好吗？"在这些人中，有多少人是你愿意和他们讨论个人详细情况的？如果你连两三个人的名字都说不出来，那么这就是一个明确的迹象。即便你可以说出这些名字，也要诚实地问自己：你们上一次真正进行这样的对话是什么时候？如果已经超过了一个月，那你可能是在自欺欺人，你不知道你们到底有多亲密。

你的名单上还剩下多少人？如果除了你的配偶或伴侣之外一个人也没有，那么我们就找到了一个需要解决的问题。

真正的友谊的关键在于，这种关系不是通往其他事物的垫脚石，而是一种为了关系本身而追求的幸福。要做到这一点，方法之一就是不仅要在工作场合之外交朋友，还要在所有职业和学业领域的关系网络之外交朋友。与那些除了关心和陪伴你，什么都不能为你做的人建立友谊。

我们要寻找的品质是"无用"（不是无价值，尽管我们也都有过那样的朋友）。这就需要你经常出现在与你的世俗野心无关的地方。无论是在宗教活动场所、保龄球联盟，还是与你的工作无关的慈善活动中，你都可以认识一些人，他们或许能够与你分享你的热爱，却不会促进你的事业发展。当你遇到你喜欢的人时，不用考虑太多，邀请他们和你一起吧。

在这个不断进取的世界里，我们把事业上的成功看得比什么都重要，"工作主义"对许多人来说就像是一种宗教崇拜，因此我们很容易让自己身处"交易朋友圈"。[27] 在这样做的过程中，我们可能会忽略人类最基本的需求：深入了解他人的同时也被他人深入地了解。拥有不同信仰的人将这种深刻的理解当作他们与神的关系的核心，这也是心理治疗中实现改变的关键。[28]

爱的最大悖论之一是，我们最超然的需要是那些在世俗意义上我们根本不需要的人。如果你运气好，努力加深你的人际关系，你很快就会发现你有一两个真正的朋友，你可以对他们说："我不需要你，我只是爱你。"

完美的友谊虽然很美好，维持起来却非常困难。交易朋友通常会在你谋生的过程中反复出现在你的生活中，你不必特意去维护和他们的关系。真正的朋友则是另一回事，当你忙于家庭和工作时，很容易让他们淡出你的视线。你在大学期间的挚友，可能在毕业后不知不觉地就变成了一年只联系一两次的人，这并不是你有意为之，而是因为时光在流逝。人到中年，由于生活的压力和时间的流逝，即使有完美的朋友，也会所剩无几，这是非常普遍的现象。

与其他任何有价值的事情一样，重要的是不要让这些关系自生自灭，因为它们通常不会自生自灭。列出你真正的朋友名单以及你希望在名单上的人，制订一个保持联系和见面的具体计划。有些人会每周安排固定时间打电话或视频聊天；还有一些人会采用的做法是，即使在工作或在家（可能的话）也要接对方的电话。此外，每年找一天或一周的时间见面也是非常明智的选择。

在忙碌的生活中，实际上你不可能维持太多这样的友谊——也许只能维持和几个人的关系。除了你的伴侣，你需要至少一位朋友。对于这个人，你能给予她或他的最高赞美就是"你对我毫无用处"。

挑战3　固执己见

在渗透到西方思想中的众多东方宗教和哲学思想中，佛教四谛[①]中的集谛可以说是给我们幸福与否带来的最大启示。集谛告诉我们，执着是人类痛苦的根源。要想在人生中找到安宁，我们必须愿意从自我中解脱出来，从而摆脱渴爱。

这就要求我们诚实地审视自己的执着。你执着的是什么呢？金钱、权力、享乐、声望——是这些我们通过加强情绪自我管理来

[①] 四谛是佛教中的核心教义，分别是苦谛、集谛、灭谛和道谛。——译者注

摆脱的干扰吗？深究下去：也许它们都是你的观点（opinion）。2400多年前，佛陀曾经命名这种执着及其产生的可怕影响，据说他曾经说："那些执着于感知和看法的人在尘世中四处碰壁。"[29] 一行禅师在他的《活得安详》一书中写道："人类深受对看法的执着之苦。"[30]

这种执着对友谊来说绝对是灾难性的。当然，坚定自己的信念并没有错。问题在于，当对于这些信念的分歧阻碍了友谊的发展时，你会认为，因为某人的看法与你不同，你就不能与对方亲近。例如，也许你有非常强烈的政治观点，而你说服自己（或者让自己被他人说服），认为那些不持有这些观点的朋友是不道德的或者有缺陷的。又或者，你的朋友从宗教的角度虔诚地反对你的某些生活方式，而你却认为这意味着他们在"否定你的人性"。（这里说的并不是辱骂，只是信仰不同。）这就是坡氏综合征的表现：你扼杀了一段友谊，因为你觉得另一个人不值得你陪伴。这完全是自食恶果，因为它会导致你的孤独和孤立。

解决的办法是，回到前面的章节，选择一种美德来替代造成伤害的情感，一种培养爱和关注他人的美德，这种美德就是谦逊，而如今这种美德越来越稀缺了。具体来说，社会科学家称之为"认知谦逊"，即认识到别人的观点可能有用或有趣，或者至少你不会因为观点的差异而觉得自己不能爱这个人。

显然这是很难做到的，否则 1/6 的美国人就不会因为政治问题而切断与朋友和家人的联系。但是，如果能够做到这一点，在幸福感上的回报会是巨大的。在 2016 年的一项研究中，研究人员创建了一个谦逊分数。[31] 他们发现，谦逊与抑郁和焦虑呈负相关，与幸福感和生活满意度呈正相关。此外，他们还发现，谦逊能缓冲生活压力事件的负面影响。这并不是出于神经科学上的某些复杂缘由，而是谦逊的人会拥有更多朋友，因为和他们在一起更有趣。

社会科学总是这样，有关谦逊和幸福的数据加强了哲学家们长期以来的教导。大约在 5 世纪之交，圣奥古斯丁给了学生三条人生建议："第一条是谦逊，第二条是谦逊，第三条还是谦逊：只要你愿意，我会不断地重复这条建议。"[32]

谦逊地承认错误并改变自己的信念，可以让我们结交到更多的朋友，变得更加幸福。但是，当我们对这种美德进行防御的时候，我们需要一个作战计划来改变我们的思维方式和行为方式。这里有三种策略，你可以将它们加进你的武器库。

首先，当你认为自己错了的时候，要迅速承认。人们不喜欢接受自己不对的想法，因为他们害怕这样做会让自己看起来愚蠢或无能。因此，如果任由自己的边缘系统被激活，即使是最糟糕的想法，你也会誓死捍卫。而这种倾向本身就是一个错误。在2015年的一项研究中，研究人员比较了科学家们在被告知其研究结果"无法复制"时的反应（也就是说，他们的研究结果可能并不正确），这是学术界常见的现象。[33] 科学家们如果和大多数人一样，在收到这种反驳时采取防御性的态度，甚至加倍坚持他们原来的研究结果，其实也不足为奇。但研究人员发现，这种行为比简单地承认错误更有损科学家的声誉。这个结果给我们带来的启示是：如果你可能不对，那就对别人的观点持开放的态度。

其次，欢迎对立的观点。对抗破坏性倾向的最佳方法之一就是采用"相反信号"的策略。例如，当你伤心的时候，往往最不想做的事情就是去看别人，但这恰恰是你应该做的。当你受到威胁，想要防御的时候，要主动拒绝自我防卫的本能，试着让自己变得更加开放。当有人说"你错了"的时候，你可以回应"多告诉我一些"。结交与你想法不同的朋友并挑战你的假设，你也可以挑战他们的假设。把这个做法看作建立自己的"对手团队"，历史学家多丽丝·卡恩斯·古德温曾用这个词来形容亚伯拉罕·林肯的内阁，与肯尼迪内阁不同的是，林肯内阁对他提出了无情的挑战。[34] 如果这听起来像是一种折磨，那么你也许会更急迫地想尝试一下。

最后，从小事做起。假设你想从朋友的观点中获益，开始是很困难的，尤其是当你的观点比较宏大的时候，比如涉及你的宗教信仰或政治意识形态。最好从比较小的观点开始，比如你的穿衣选择，甚至是你喜欢哪项体育运动。重新考虑你长期以来认为理所当然的事情，尽可能冷静地评估它们。然后放低自己的姿态，敞开心扉，倾听他人的想法。

重点并不是要处理这些琐碎的小事。关于目标设定的研究清楚地表明，从小事做起可以教会你如何改变和打破习惯。[35] 然后，你可以将这种自我认识扩展到生活中更大的领域，在这些领域中，你即使不改变自己的观点，也可以欣赏别人的观点。

如果你掌握了这些技巧，可能会有人批评你，说你是个经常改变立场或者优柔寡断的人。要解决这个问题，可以向伟大的经济学家保罗·萨缪尔森学习，他是第一位获得诺贝尔经济学奖的美国人。1948年，萨缪尔森出版了可能是有史以来最著名的经济学教科书。[36] 随着时间的推移，他对书中的内容进行了更新，他更改了对健康的宏观经济所能承受的通胀水平的估计：起初，他说5%是可以接受的；在后来的版本中，又改为3%和2%。美联社因为这件事发表了一篇题为《作者应该拿定主意》的文章。1970年，萨缪尔森获得诺贝尔奖后，在一次电视采访中，他对那篇文章的指责做出了回应："当事情发生变化时，我就会改变主意，你会怎么做呢？"

我猜萨缪尔森一定有很多知心朋友。

挑战 4　把伴侣作为最亲密的朋友

我们通常不把我们的恋人列入我们的朋友名单中，他们给人的感觉就像是不同的物种，不是吗？也许你有过这样的经历：爱上了一个人，但相处之后却发现自己其实并不太喜欢那个人。当意识到这一点的时候，你可能不得不结束一段复杂的关系，也许一切都非常混乱。你可能还会困惑，怎么会对一个你发现自己并不喜欢的人产生如此强烈的激情。

激情之爱（坠入爱河的早期感觉）是我们每个人一生中都会面临的最强大、最神秘的经历之一。如果你觉得自己的情绪被劫持了，尤其是在刚开始恋爱的时候，那是因为它们确实已经被劫持了。你的大脑看起来和药物成瘾者的大脑非常相似，大脑中负责快乐和痛苦的区域异常活跃，比如腹侧被盖区、伏隔核、尾核、脑岛、背侧前扣带回皮质，以及背外侧前额叶皮质。[37] 与此同时，你的大脑已经开始了化学实验：睾丸素和雌激素这两种性激素的飙升表明了另一个人对你的身体吸引，你对与伴侣在一起的期待和狂喜来自高水平的多巴胺和去甲肾上腺素[38]，你在感情中不舒服的痴迷是因为缺乏血清素[39],你的依恋和嫉妒来自催产素的增加[40]。

激情之爱是以你为中心的。你大脑中的神经化学混合物会让你整天关注自己的感受,也会让你关注你的伴侣,因为他或她和你有关。也就难怪这种感受虽然令人兴奋,却不会带来很多幸福感。

激情之爱也不会持久,这常常让人感到失望和恐慌。当激情消退时,人们会误以为爱情本身也在消退。事实远非如此。早期的浪漫爱情必须转化为稳定持久的关系,这是获得幸福的最大秘诀之一。哈佛大学成人发展研究是一项持续时间很长的关于个人一生发展的研究,它的结果显示,晚年幸福最重要的预测因素是稳定的人际关系,尤其是长期的恋爱关系。[41] 在 80 岁时最健康、最幸福的人往往在 50 岁时就对他们的各种关系感到最为满意了。成功爱情的关键不是把激情放在最重要的位置,而是让激情不断发展。这并不只是指合法地在一起,研究表明,结婚只占一个人晚年的主观幸福感的 2%。[42] 对幸福感而言,重要的是对关系的满意度,而这取决于社会科学家所说的"伴侣之爱"——稳定的感情、相互理解和承诺。[43] 伴侣之爱是一种特殊类型的友谊。

你可能会觉得伴侣之爱听起来有点乏味。这是因为我们的流行文化和媒体倾向于不切实际地描绘爱情和浪漫,过分看重"一见钟情"和"从此过上幸福生活"之类的魔幻思维。[44] 例如，对迪士尼动画电影的研究表明，其中大部分电影正是以上面这些魔幻思维的主题为基础的。[45] 这些电影反过来也可能会影响儿童和年轻人的爱情观。2002 年，一项针对 285 名未婚大学生（包括女性和男性）的研究发现，他们观看与爱情和浪漫有关的电视节目的时间与他们对婚姻理想化的期待水平存在着很强的相关性。[46] 2016 年的一项研究发现，相比于近期看过非爱情主题电影的少女来说，近期观看过爱情主题电影的少女更有可能"支持理想主义的浪漫信念"。[47]

尽管一见钟情的桥段在故事和电影中很受欢迎，但它在现实中却并不多见。研究人员发现，人们所描述的"一见钟情"与真爱中所包括的亲密和承诺这两个真正特征，并没有任何关系。[48] 相反，"一见钟情"要么是人们用来描述过去的一个短语，用来浪漫化他们的相遇（而非按照真实发生的情况），要么是用来描述异常强烈的身体吸引力。理想化但不切实际的信念会对你们的关系造成很大的伤害。就拿爱情宿命或"灵魂伴侣"来说吧，这种观念认为，两个人是被看不见的力量安排到一起的。对数百名大学生进行的研究表明，这种期望与恋爱关系中功能失调的模式相关，比如，认为伴侣之间轻而易举就能理解并预测对方的愿望和渴望，因为两个人是天作之合。[49] 换句话说，相信命运就会相信读心术。

伴侣之爱是正确的目标——两个人成为最亲密的朋友，同时又在热恋中。早期阶段的热恋之所以令人辗转反侧，正是因为彼此有些陌生，在这种状态下是不可能建立起深厚的友谊的。我们的目标是在深入了解彼此的同时保持吸引力。这种亲密的友谊意味着彼此分享完整的人格——从"我"到"我们"。在这个过程中，显然会有分歧、愤怒和痛苦，甚至是不幸福。我们的目的不是避免这些，而是把这些问题视为共同的挑战，一起来应对。目标不是避免争吵，而是以合作冲突的方式拉近彼此的距离（你们可以一起努力来寻找解决方案）。

根据研究，有五种方法可以培养持久的伴侣之爱式的深厚友谊。

第一，放轻松。激情之爱往往是沉重的——它通常过于认真且不太有趣。美好的伴侣之爱会让幸福感不断提升，让人更加轻松，因为好朋友能让彼此展现出放松的一面。他们温柔地开着玩笑，一起开心玩耍；在一起打打闹闹，就像你和任何亲密的朋友在一起那样。

第二，让这份伴侣之爱更多地关注你们两个人，而更少地关注每个单独的个人。你们不应该害怕争吵，而是要正确对待它。研究夫妻争吵的人员发现，与使用"我/你"的夫妻相比，在争吵中使用"我们"的夫妻心血管的兴奋程度更低、消极情绪更少、婚姻满意度更高。[50] 你可能需要在这方面下功夫，尤其是如果你已经养成了多年的坏习惯。与其说"你没有试着理解我的感受"，不如说"我想我们应该试着理解对方的感受"。让"我们"成为你和他人交谈时使用的默认代词。如果你喜欢晚归，但你的伴侣很讨厌晚归，那么当你为了自己的伴侣而拒绝晚上10点的晚餐时，可以说"我们不喜欢这么晚才回家"。

第三，把你的钱放在你的"团队"里。许多夫妻在涉及金钱问题时都是各自为政，例如在银行分别开设账户。他们通常认为自己是在避免冲突，也许确实是这样，但是他们同时也失去了作为团队伙伴一起思考和行动的机会。事实上，学者们已经证明，把所有钱都放在一起的夫妻往往更加幸福，也更有可能待在一起。[51] 这对有不同消费习惯的伴侣来说可能会比较困难，但研究表明，当人们把钱集中到一起时，消费往往会更加谨慎。[52]

第四，把争吵当作锻炼。每个忠实的健身房爱好者都会告诉你，如果你想把健身变成一个长期的习惯，就不能把锻炼看成一种惩罚。当然，这会让你痛苦，但你不应该因为经常健身而不开心，因为它会让你变得更强壮。对合作型伴侣来说，可以用同样的方式来看待冲突：冲突当下的体验并不好，但它是一个合作起来解决不可避免的问题的机会，从而加强亲密关系。[53] 方法之一是专门安排时间来解决某个问题，而不是把它当作一个情绪上的紧急情况。把分歧看作我们需要找时间解决的问题，而不是看成我被你攻击，这是一种令人不安的紧急情况。[54]

第五，让你的伴侣之爱保持专一。当浪漫爱情无论是在情感方面还是在性方面都是一对一的时候，能带给大家最大的幸福感。如今，有些人并不喜欢这种说法，但这个人生建议是基于实证研究的证据得出的，而不是基于道德。2004 年，一项针对美国成年人的大型调查发现，"对上一年性伴侣数量进行测算后得出让幸福感最大化的伴侣数量是 1 位"[55]。

最后一点：伴侣之爱最好是专一的，而友谊本身则不应该是排他的。2007 年，研究人员发现，相比于那些在婚姻之外没有亲密朋友的人，已婚成年人如果至少有两个亲密朋友（即除了配偶至少还有一个密友），其生活满意度和自尊水平较高，并且抑郁水平较低。[56] 换句话说，长期的伴侣之爱也许是必要的，但对幸福而言还不够充分。

挑战 5　跳出虚拟世界

1995 年，雷娜·鲁达夫斯基和她的家人被选中参加一项新颖的心理学实验。卡内基梅隆大学的研究人员在他们的餐厅里安装了一台电脑，并连上了互联网。当时，只有 9% 的美国人使用互联网（到 2020 年，将近 91% 的美国人使用互联网）。[57] 当时还是初中生的雷娜回忆说，她日复一日地坐在电脑前，加入网络聊天室，在网上冲浪。当她用完之后，另一位家庭成员会接着使用。

奇怪的是，这项实验并没有在她的家庭中引发很多讨论。雷娜告诉我们："当电脑开着的时候，我们在餐厅里很少交谈。"此外，她还说："我们没有人在家里和其他人分享自己私人的上网经历。"

雷娜的经历非常典型，正如研究人员在 1998 年发表的如今非常著名的"家庭网络"（HomeNet）研究报告所示。[58] 研究人员写道："互联网使用的大量增加，与实验参与者和家庭成员的沟通减少有关，他们的社交圈也在缩小。"更可怕的是，它导致"（实验参与者）的抑郁和孤独感增加"。雷娜说她的经历证实了这些发现。

"家庭网络"可以（而且已经）被解读为对互联网、电子屏幕或整体现代通信技术的控诉。事实上，它阐述了一个更简单的关于爱和幸福的真相：技术挤占了我们与他人在现实生活中的互动，会降低我们的幸福感，因此我们在生活中必须非常小心地管理它。为了充分享受数字工具带来的好处，我们在使用数字工具时应注意加深与家人和朋友之间的关系。

新冠疫情流行引发了大量关于社会联系的新研究。每当社会生活环境突然发生变化时,研究人员就会拿着问卷调查工具蜂拥而至,问一些令人心烦的问题。在过去的几年中,最常见的调查领域之一就是:从面对面交流突然大规模转向了数字通信,这对整体的社会联系产生了怎样的影响。在一项研究中,研究人员在疫情的最初几个月对近 3000 名成年人进行了调查,发现电子邮件、社交媒体、在线游戏和短信不足以代替人与人之间的交流。[59] 语音和视频通话稍好一些(尽管后来的研究也对这些技术的价值提出了质疑)。[60]

刷屏或冲浪等独处的消遣方式会减少社会联系,这一点显而易见:你用这些事情取代了互动。发短信等虚拟通信从设计上看是有互动性的,理论上应该危害较小,但问题是有了这些技术后,我们会失去一些交流的维度。短信不能很好地传达情绪,因为我们听不到也看不到对话者,社交媒体上的消息也是如此。(更常见的情况是,社交媒体不是用来与一个人交流的,而是向更多受众传播。)这些技术对人和人的互动来说,就像是黑白像素版本的蒙娜丽莎与正品的区别:可以识别,但是无法产生同样的情感效果。

在低维度的交流中,我们倾向于从一个人跳到另一个人,从而用广度替换深度。这就是为什么面对面的交谈往往比文字信息交谈更丰富。研究表明,更深入的对话比简短的交流更能带来幸福感。[61] 同时，在最近的一项纵向研究中，比同龄人更经常发短信的青少年会更抑郁、更焦虑、更具有攻击性，与父母的关系也更糟糕。[62]

即便没有疫情造成的环境限制，我们也会自愿采用损害我们幸福感的技术，这似乎有些奇怪。有两个主要的解释：便利性和假设的礼貌。在屏幕面前无所事事（美国青少年中10个里有9个会说他们这样做是为了"打发时间"）简直比和朋友聊天还方便，短信等虚拟通信技术也比拜访朋友或打电话更快、更方便。[63] 把这些技术想象成便利店里的即食食品：不好吃，但确实方便——如果你吃多了微波炉卷饼，就会忘记真正的卷饼是什么味道。

雷娜在童年时期参加的实验让她对互联网的影响有了深刻的思考，并对她使用技术产生了终生影响。她在大学时期有一个脸书账户，但毕业之后就注销了并且没有再用过。她也不用其他社交软件，而且她的孩子们也不上网。顺便说一句，她现在的工作包括担任本书的研究助理——可以采用线上办公的方式，但她更喜欢去办公室工作。

按照现在的标准，她的生活可能有些过时了。她的女儿会去邻居家玩；晚饭后，一家人会坐在门廊上聊天，也会和路过的人打招呼；她会写信和寄信。当她使用技术时，那也是作为她维护友谊的补充，而不是替代。例如，她建了一个家长群，但只是为了安排面对面的活动。

对大多数人，尤其是伴随着互联网成长起来的一代人来说，互联网毋庸置疑是生命原生态的一部分，渗透进生活中的每一个空隙，无论我们是否意识到。当然，我们无法退回到这种技术出现之前的生活。但是，我们可以而且应该有意识地利用它来为爱和友谊服务。要做到这一点，有两种方法。

首先，选择互动而不是无所事事。这条规则并不新奇——45年以前，父母就告诉孩子们不要整天守着电视机，要和朋友们到户外去玩耍。那个时候的电视无法像现在一样放进口袋，而现在的实证研究表明：过量的独处和屏幕消遣会降低幸福感，并可能导致抑郁和焦虑等情绪障碍。[64]

为了让自己摆脱不良习惯，可以利用设备上的选项设置，告知自己在社交媒体和互联网上花了多少时间，并将使用时间限制在每天一小时或者更少。另外一种受欢迎的方法是将你的设备从彩色转为灰色，但这种方法尚未经过学术研究的检验。[65]

其次，建立一个沟通等级。期望任何人停止发短信是不合理的，但如果你有一个与朋友和家人交谈的"操作顺序"，就可以减少发短信的频率。可能的话,尽量见面,尤其是与亲密的人。2021年的一项研究表明,与其他人面对面交流越多的人,越能感受到被理解,也就越能对自己的人际关系感到满意。[66] 无法见面时,可以打电话或视频电话,只在非个人事务或紧急情况下发短信。

经营友谊的5个方法

很多人误以为友谊是自然而然产生的,不需要刻意的努力或经营。这种观点是错误的。和其他重要的事情一样,友谊也需要关注和经营。我们必须有目标地培养友谊。只要记住以下五条经验,我们在本章中提到的巨大挑战就会变成机遇。

1. 不要让内向的性格或害怕被拒绝妨碍你结交朋友,也不要让外向的性格阻碍你深入交友。

2. 当我们出于友谊之外的原因寻找对自己有用的人时,友谊就被破坏了。在爱和享受他人陪伴的基础上建立联结,而不是考虑对方在职业发展或者社交上能为你做什么。

3. 如今有太多深厚的友谊因观点分歧而被破坏。如果我们选择谦逊而不是骄傲,对他人的爱就会因为分歧而增强,而不是彼此伤害——而且幸福感的好处是巨大的。

4. 长久爱情的目标是一种特殊类型的友谊,而不是永恒的激情。伴侣之爱是建立在信任和互相关爱的基础上的,同时也是相爱到白头的老年人所津津乐道的。

5. 真正的友谊需要真实的接触。技术可以为你最深厚的关系提供辅助,但如果用它来替代关系则是非常糟糕的。寻找更多方式和你所爱的人面对面地在一起。

创造幸福生活的前两大支柱(家庭和友谊)需要大量的时间和承诺。然而,很多人却把更多的时间花在了另外的事情上,那就是工作。如果你每周工作 40 个小时,还要花很多时间通勤,那么工作可能是你一生中最耗时的一项活动了。即使工作对你来说不如家庭和友谊重要,但如果工作是痛苦的根源,那么你投入再多时间,幸福感也很难提升。

但是,"不是痛苦的根源"并不是我们应该追求的目标——我们可以而且应该做得更好。工作应该带给我们幸福的益处,而不仅仅是给我们提供生存和养家糊口所需的资源。这就是我们的下一个主题:让挣钱谋生变成快乐的源泉。

第七章

你不是你的工作本身

创造更幸福生活的第三个支柱是有意义的工作。数以百计的研究表明，工作满意度和生活满意度呈正相关，而且两者存在因果关系：喜欢自己的工作会让你总体的幸福感更高。[1] 全心全意地投入工作，是你享受生活，从成就中获得满足感，并从努力中看到意义的最佳方式之一。用黎巴嫩诗人哈利勒·纪伯伦优雅的文字来说就是：在最佳状态下，工作就是"看得见的爱"[2]。

这是好消息，也是坏消息。当你的工作枯燥乏味时，它就丧失了爱，会让生活变成一项任务。早上拖着疲惫的身体起床，去做一份你讨厌的工作，是毫无乐趣可言的——在工作中，你感到无助、无聊或不被重视。客观地说，有些工作真的很糟糕，哪怕仅仅是为了勉强糊口地卖力工作也是一种压力。但对大多数人来说，当他们懂得幸福始于工作本身时，他们就可以让工作变得更轻松、更愉快，使其成为个人成长的源泉。

如果我们能准确地告诉你什么样的工作才是最合适的，以及如何获得这份工作，那就太便捷了。但是，能提高幸福感的工作并不是指高声望或高收入的特定工作（尽管我们都必须赚足够的钱来维持生计）。你会喜欢或讨厌成为一名律师、电工、家庭主妇或全职志愿者。研究人员一直想确定工作满意度与实际工作类型之间的明确关系，但都一无所获。在 2018 年的一项调查中，"最幸福的工作"（助教、质量保证分析师、网络开发人员和营销专家）之间毫无共同之处。[3] 最不幸福的工作（会计、保安、收银员和主管）也是如此，而且与受教育程度和收入完全无关。

下面两个案例说明，幸福取决于你自己，而不是你的具体工作。

斯蒂芬妮从上大学时起的梦想就是成为行业顶级公司的 CEO（首席执行官）。她努力工作、不断奋斗，在 40 多岁的时候成功坐上了梦想中的位置。她在工作中取得了惊人的成功，将公司的营收推向了新的高度，在公司内部也颇有人气。她的领导能力得到了媒体的肯定，也赚了不少钱。

"我达成了人生梦想,"她说,"我为此感到骄傲。"但也有牺牲。"我错过了孩子们的很多童年时光,"她坦承,"我的婚姻也受到了很大的伤害,因为我经常缺席。"她还承认,虽然她认识很多人,有数百个朋友,但他们都不是真正的朋友,大多数只是客户和同事。

经过十多年呕心沥血的工作,斯蒂芬妮的业绩表现一流,但她也已经精疲力竭。她的董事会和员工们都很乐意看到她在公司再多干几年(毕竟公司的发展势头很好),但从个人的角度来看,她不得不承认,如果有一个关于幸福的成本收益考核,她的生活根本不达标。虽然生活中也有美好时光,但都是在压力中度过的,而且她倍感孤独。

即使是斯蒂芬妮自以为达成的成就,也只是一个幻觉。辞去 CEO 职务后,她回公司探望,走进她任职期间修建的富丽堂皇的总部,她的一切仿佛被抹去了。她没有怨意,只是……一切都在往前走。新任 CEO 走着和她同样的路线,见着同样的客户,谈着同样的交易。她的老同事们都很亲切友好,但几乎没有人对她现在的情况特别感兴趣。"他们为什么要感兴趣?"她反问道。如今,59 岁的她已经从 CEO 职位上退下来,所有人都祝贺她的"成功",但她依然在寻找能让她感到自己还活着的事物。

接下来看看亚历克斯。他的梦想比斯蒂芬妮普通很多。他在一个中产家庭长大，对生活抱有中产阶级的期望：他将取得不错的成绩，考上一所州立大学，然后开启一份有保障的工作——这是一个看起来颇为合理的美好生活公式。然而，出于某种原因，这个公式从来都无法套用在亚历克斯身上。他在高中时一直都是成绩良好的 B 等生，但从未在任何一门课上有过突出表现。他在大学里学的是会计学，但对他来说，这个专业枯燥无聊。大学毕业后，亚历克斯在家乡的一家制造公司找了一份财务工作。他在那里工作了一年，然后换了一份薪水稍高的工作。在接下来的 20 年里，他每隔几年就会换一次工作，到 40 多岁时，他的生活还算体面（但并不富裕）。他生活中的亮点是他的家人和朋友。他的婚姻幸福美满，有三个孩子；还有从高中时代一直要好的亲密伙伴，周末时常聚会。他还很喜欢车，喜欢把自己的爱车保养得一尘不染。

亚历克斯说，在这段时间里，他认为每个人都不喜欢工作，只是出于无奈才去工作。对他来说，在办公室里的每一天都是一场艰苦的马拉松。文书工作让他厌倦，他总是忍不住透过办公室的窗户望向停车场。他很感激这份稳定的工作让他能够养家糊口，但他每天都盯着时钟慢悠悠地走向下午 5 点，因为那时他就可以回家了。

有一天，45岁的亚历克斯晚饭后向妻子吐槽他的工作，这已经是他第一百万次抱怨了。听了半晌之后，他的妻子问他："在你每天做的事情中，有什么是你真正喜欢的吗？"他想了想，只想到了两件有趣而平凡的事情："我喜欢开车上班，并且我喜欢在有空的时候和人聊天。"

"那你为什么不辞职去做优步司机呢？"她打趣道。亚历克斯的脑子里仿佛"嘭"的一下。这本是妻子的一句玩笑话，却成了亚历克斯迈向全新生活的转折点。他确实这么做了，并且在过去的五年里一直以开车为生。

"实际上，我工作的时长比以前更长，挣的钱也比以前略少，"他说道，"但我每天都期待着去工作。我认识了很多有趣的新朋友，还可以整天开车。"他说自己回家后心情很好，从来不为工作上的问题烦恼。所有这些都让他成为更好的丈夫和父亲。他说："我的幸福感是之前的两倍。"

这两个故事都是真实的，不是瞎编出来的案例。为了保护当事人的隐私，仅对姓名和一些细节做了改动。

请不要误会，在这两个故事中，没有任何迹象暗示斯蒂芬妮或亚历克斯在生活中过得不好或者做出了不合理的选择，也不是说当上 CEO 或以开车为生就一定比别人过得更幸福或者更不幸福。也许对你来说，经营一家公司是一件快乐的事情，而开车载人四处跑是一件糟糕的事情，反之亦然。光鲜亮丽的工作可能让你失望，也可能让你得意；一份收入适中的"普通"工作可能让你高兴，也可能让你发愁；要是在经济上能负担得起，留在家里抚养孩子的决定可以是美好的（或是相反的）；退休可以提升你的幸福感，也可能会降低幸福感。

要想拥有一份让自己更加幸福的职业，就必须了解自己。这意味着要成为自己人生的主宰，即便你不是工作意义上的老板。做到这一点需要应对四大挑战——亚历克斯战胜了这四大挑战，从而收获了更大的幸福，但斯蒂芬妮却没有。

挑战 1　职业目标

你可能是一个全心全意地热爱着自己工作的人，拥有工作与生活的完美平衡，也想不到有什么能让这部分的生活变得更好了。等等……你不是这样的吗？

事实上，大多数人或多或少都能接受自己的工作，但他们并不认为自己的工作能带来巨大的满足感。不过，他们不知道如何让一切变得更好，因此让工作"足够好"就行了。举个例子，在

2022 年，仅有 16% 的雇员对自己的工作"非常满意"[4]，37% 的人表达"比较满意"，其他人都说他们"有些不满意"或"非常不满意"，或者认为"我只是很欣慰有一份工作"。你会如何回答呢？

如果想要像亚历克斯那样改善这种情况，首先有一个方法是明确自己的目标。如果你对前一个问题的回答是"我只是很欣慰有一份工作"，那么你的工作动机可能是避免失业，而失业的威胁是人们不幸福的最大来源之一。2018 年，在调查中认为自己"非常"或者"相当"有可能失业的美国成年人表示对自己的生活"不太满意"的可能性是认为自己"不太可能"被解雇的那些人的 3 倍之多。[5] 2014 年，经济学家发现，失业率每上升一个百分点所造成国民幸福感降低的幅度，是通货膨胀率每上升一个百分点带来下降幅度的 5 倍。[6]

如果你不是真的要失业，你可以把眼光放得更高一些。正如社会科学家所指出的，虽然薪酬和福利待遇是必要的，但它们还不足够。薪酬和福利就像吃饭和睡觉对健康的重要性一样：你绝对需要它们，如果让它们一团糟，会发生不好的事情；但如果你把它们当作唯一的重点，也会变得不健康和不开心。

你的薪酬和福利就是所谓的外部奖赏，这些奖赏来自外界。如果你拥有一份高权力、高声望的工作，也划分到这一类别。同时，你的工作也会带来内部奖赏，这些来自你的内心——你在从事这份工作时所获得的内在成就感和愉悦感。你需要外部奖赏来维持生活，但你需要内部奖赏来获得更多幸福感。

1973年，在一项关于外部奖赏和内部奖赏的经典研究中，斯坦福大学和密歇根大学的研究人员让一群孩子选择他们喜欢的游戏活动（比如用马克笔画画）。他们乐此不疲，玩得很开心（内部奖赏）。[7] 接着，孩子们会因为参与这项活动而获得一张带有金色烫印和蝴蝶结装饰的证书（外部奖赏）。研究人员发现，在给孩子们颁发证书之后，孩子们想要画画的意愿只剩下没有提供证书时的一半左右。在随后的几十年里，大量研究表明在各种各样的活动中都存在着类似的模式，这种情况适用于各类人群。[8]

我们人类有一种有趣的倾向，那就是根据人们给我们的报酬来衡量自己所做事情的价值。如果有人付钱给我们，那这件事情一定是繁重的，否则别人就不需要付钱了。这就是为什么科学家在实验中引入报酬时，参与者对实验中要做的事情的满意度会下降。这显然不是说我们都应该免费工作。相反，这里只想指出：为了获得幸福感，我们的目标不应该只是最大限度地获得外部奖赏，而是还应该有意识地将内在目标放在首位。

那么我们该如何设定目标，在谋生的同时获得工作的内部奖赏呢？答案之一可能是在找工作的时候遵循毕业典礼演讲者的建议。他们似乎总在说："找到一份你热爱的工作，那么你这辈子没有一天会觉得在工作。"这听起来像是在说，内部奖赏是指拥有一份每天都让人兴高采烈的工作才是对的。

我们从未在现实生活中见到过这样的工作。此外，你可能会对这样的建议有点怀疑，因为它似乎总是来自那些令人难以置信的成功人士。如果你仔细研究一下他们的背景，会发现这些人在职业生涯的早期绝对是把自己往死里整，为了达到顶峰，他们常常在人际关系上付出巨大的个人代价。他们当然没有在过去采纳自己现在的这个建议。

显然，你不应该去做自己讨厌的工作，但正确的内部奖赏并不是"每天都超级开心"。这样做会让你陷入另一种"黄金国探秘"式的探索，不停追求着根本不存在的东西，从而导致出现挫败感。与其孜孜不倦地追求"完美匹配"的职业，更好的办法是在具体的工作中保持灵活性，同时寻找两件重要的事情。

第一件是"赚得的成功"。你可以把它看作"习得性无助"的反义词，"习得性无助"是心理学家马丁·塞利格曼提出的一个术语，用来形容人们在反复忍受无法控制的不愉快情况时所体验到的逆来顺受。[9]而"赚得的成功"会给你带来成就感和职业效能感（认为自己在工作中卓有成效，从而提升对职业的承诺，这也是衡量工作满意度的一个很好的标准）。[10]

享受"赚得的成功"的最佳方式就是想方设法让自己的工作做得更好，无论这是否会让你升职加薪。很显然，有外部奖赏的工作是非常棒的，给予明确的指导和反馈、奖励优点并鼓励雇员发展新技能的雇主是最佳雇主。但是，即使你的工作中没有这种外部奖赏，你也可以为自己设定卓越的目标，比如"今天我要让我的每一位客户都感到与众不同"。

这就引出了和内部奖赏紧密相关的第二件重要的事情，即为他人服务——你觉得自己的工作让世界变得更加美好。这并不意味着你需要做志愿者或为慈善机构工作才能感到幸福（研究表明，为非营利性组织工作并不会比为营利性组织或政府部门工作获得更多的内在满足）。[11]恰恰相反，你几乎可以从任何工作中找到为他人服务的机会。

一位年轻人在他的一篇专栏文章中完美地诠释了这一点，他在文章中解释了为什么尽管他拥有工商管理硕士（MBA）学位，却选择成为巴塞罗那一家餐厅的服务员。[12]正如他所说，他的顾客"都是重要而平等的。他们在餐桌上是一样的而且在服务生眼中也必须是一样的……能够为报纸头版的政客服务,也可以同样为一边等待女友一边浏览新闻的年轻人服务,这一点很棒"。这位年轻人需要外部奖赏来谋生,但他并没有选择为了将它们最大化而不考虑内部奖赏。

"赚得的成功"和为他人服务这两件事情,在某些工作中更容易。举例来说,如果你认为你所从事的职业会伤害其他人,那么服务他人这件事就很难实现。这就是为什么一个好的经验法则是在雇主的价值观和你自己的价值观之间寻求基本的匹配。当人们相信他们雇主的使命时,他们的工作会有很大的内部动力。[13] 当其中遵循的价值观具有特殊的道德、哲学或精神层面的意义时,情况尤其如此,哪怕工作本身又苦又累也不受影响。例如,2012 年一项关于护士的研究发现,最快乐的护士认为她们的工作是"神圣的职业,是她们获得精神愉悦和满足感的工具"[14]。

我们非常清楚,即使在最理想的情况下,这些目标有时也会难以达到。即使你找到了自己所相信的雇主,他/她会奖励你的优点,让你有机会整天为别人服务,但总有一些日子,你下班回家后会感到不满足和沮丧。可以把这种情况想象成一艘帆船,风会经常把你吹偏,但如果有正确的坐标,你总能自己重新调整航向。

挑战 2　职业道路

依赖外部奖赏会降低满意度，它甚至会在未来的几十年里将你锁定在错误的职业轨道上，因为它让你追求一条不适合你的职业道路。

无论你是赚大钱还是赚小钱，这个世界都会告诉你只有一种真正负责任的职业道路：你选择了一个职业，找到了一份工作，并且只有当你的领域出现了更好的工作机会时，你才会换工作。比方说，你高中毕业后在一家律师事务所做前台接待员，你不会因为工作无聊或压力大就一走了之，你会一直干下去，直到有人用更好的工作机会把你挖走。无论你是大学教授还是脱口秀主持人，都是一样的体系。你会一直从事一份工作，直到有更好、更高薪的工作机会出现。这就是心理学家所说的"直线型"职业模式。[15]

这对有些人来说很有用，但对另一些人来说却是个大问题。也许你有很多不同的兴趣爱好，而且你认为重返校园选择新的职业是一件有趣的事情。或者，你非常重视擅长自己工作的那种生活方式，但是你又不想长时间工作，哪怕这会让你在职业生涯中没有进步。"直线型"职业道路的模式无法满足这些偏好。也许你是受过高等教育的女性，有一份很好的工作，但你想在孩子出生后留在家里。"直线型"职业模式会说:"抱歉,你不能这么做。"

幸运的是,还有另外三种职业模式。"稳态型"职业模式指的是几十年来只从事一份工作,虽然没有太大进步,但专业技能在不断提高。这种模式在那些非常看重工作的稳定性,但又不想每天为出人头地而拼上命的人群中很常见。这种情况在过去比现在要普遍得多。不过,如果你真的喜欢稳定,想要从事一份虽然不会让你发财但在经济上有保障的工作,还能在工作之余把时间花在你非常关心的事情上,那么这种职业模式可能就很适合你。

另一种模式是"短暂型"职业模式,经常四处跳槽。从外在表现看起来,工作状态似乎有些混乱:之前你在丹佛当服务员,现在在图森的一家搬家公司工作,再过几年你可能会去西雅图开长途卡车。然而这不是混乱,这些特征说明你是一个喜欢尝试新事物的人,会根据生活方式、地点或社交生活等非工作相关的标准进行职业转换。

最后一种是"螺旋型"职业模式。这种模式就像是一系列较灵巧的职业生涯。在这种模式下,人们可能每隔10年左右就会进行一次相当大的职业转换,但这种看似疯狂的变化是有规律可循的。他们将自己在一个领域的技能和知识应用到另一个领域,同时通过各种各样的经历来获得内心的满足感。因此,举例来说，你可能会在大学毕业后的 10 年从事与你所学专业相关的工作，然后可能以更低的薪水在另一个新领域运用你的技能，或者开始自己创业。又或者，你离开职场 10 年去养育子女，回来后从事完全不同的工作。

那么你可能会问，哪条才是适合你走的路？你的内心也许已经有答案了——我们刚刚描述的其中一种模式会让你感到兴奋，可能还有点害怕；而另外一种则让你内心毫无波澜。总的来说，这就是你了解如何沿着自己的人生职业道路前行的方法。一定要遵循你自己内心发出的信号——可能会让你不太舒服。当你考虑一个职业机会时，花几天或者几周时间静下心来具体想象一下这份工作或职业，然后分辨一下它给你带来的感觉。这个机会是让你觉得兴奋、害怕，还是让你心如死灰？

比方说，你得到了一份公司管理层的工作。你很享受现在的工作，也喜欢你的同事，担心大幅度的晋升会减少你在工作中的乐趣，甚至破坏工作与生活的平衡。但这是一个很好的机会，收入也会大幅增加，几乎所有人都在鼓励你接受这个机会。如果它让你很兴奋，也让你有点害怕，那它就是前进的信号。如果它只是让你害怕，那你就需要更多的信息。如果当你想象自己做这份工作时感到心如死灰，那么答案很明确：拒绝它。

挑战 3　工作成瘾

如果你已经确立了正确的目标并找到了自己的职业道路，那么，恭喜你，但是你可能还没有非常清晰地建立起自己这一部分的人生。实际上，你需要意识到其中的许多危险因素，它们专门折磨那些有着远大理想、勤奋工作的人。首先是工作狂倾向，人们通过工作来转移自己对生活中痛苦的注意力，这使得问题的根源得不到解决，甚至通过伤害家庭关系而让问题变得更加糟糕。

来看看温斯顿·丘吉尔的例子。丘吉尔有着很多身份：政治家、军人和作家。20 世纪 30 年代，丘吉尔是最早对纳粹威胁敲响警钟的世界领袖之一，随后在第二次世界大战中，他作为反对轴心国的领导人吸引着全球的关注。在战争时期担任英国首相，可想而知他的日程安排有多么紧凑，经常每天工作 18 个小时。除此之外，他还在任职期间写了一本又一本的书。到生命的最后阶段，丘吉尔共计完成了 43 部著作，写满了 72 卷。[16]

你可能非常敬佩丘吉尔，这很正常，但其实你不应该羡慕他。丘吉尔患有严重的抑郁症，他称之为"黑狗"，这种病反反复复地折磨着他。他曾经对自己的主治医生说："我不喜欢站在船舷边往下面的水里看。下一秒我的动作可能就是跳下去结束这一切。"[17]

令人难以置信的是，丘吉尔竟然能在如此恶劣的情况下保持高产的工作状态。有人说他患的其实是双相情感障碍，躁狂的一面让他疯狂地工作。而他的一些传记作者却给出了不同的解释：丘吉尔的工作狂倾向并不是不顾自己的痛苦，反而正是因为痛苦。[18] 他希望利用工作来分散自己的注意力。为了避免大家认为这很牵强附会，如今也有研究人员发现，把自己变成工作狂是面对情绪困扰的一种常见成瘾反应。就像很多成瘾症那样，它会导致原本想要缓解的情况恶化。

2018 年，研究人员分析了十年来的调研数据，发现有 24% 的焦虑症患者和近 22% 的情绪障碍患者（如重度抑郁症或双相情感障碍患者）会使用酒精或药物进行自我治疗。[19] 自我治疗者更容易产生药物依赖。例如，流行病学数据显示，用酒精对焦虑症进行自我治疗的人患上持续性酒精依赖的概率是不进行自我治疗者的 6 倍之多。[20]

有可靠证据表明，有些人也会用沉迷工作来治疗自己的情绪问题。这种情况会导致对工作的成瘾。许多研究表明，工作成瘾与焦虑、抑郁等精神障碍的症状之间存在着密切的关联，因此人们普遍认为强迫性的工作才导致了这些疾病。[21] 但一些心理学家最近又提出了相反的因果关系——人们可以用工作成瘾的行为来治疗抑郁和焦虑。[22] 正如 2016 年的一篇广为人知的研究报告中写到的:"疯狂工作(在某些情况下)是为了尝试减少焦虑和抑郁带来的不适感。"[23]

这也许可以解释为什么有那么多人在新冠疫情期间延长了工作时间。[24] 在疫情最初几个月的隔离期,人们面临着无聊、孤独和焦虑;美国疾病控制与预防中心(CDC)的数据显示,截至2020年5月底,有近1/4的美国成年人都表示自己出现了抑郁症状。[25](在2019年,这一数字为6.5%。)也许有些人会通过加倍努力工作来自我治疗,为了让自己感觉忙碌且富有成效。

而难以从工作中脱身的人很容易否认这是一个问题,于是会忽略他们正在自我治疗的背后所隐藏的根本议题。努力工作怎么会是坏事呢?正如《成瘾:在放纵中寻找平衡》一书的作者、斯坦福大学精神病学家安娜·伦布克指出的:"即使是以前健康的、适应性强的行为(我认为在文化中被普遍认为是健康的、有好处的行为)如今也已经越来越像成瘾药物,它们被改造得越来越有影响力、更容易获得、更新颖以及更无处不在。"[26] 如果你在家偷偷溜进卫生间,用手机查看工作邮件,那么她说的就是你。

更重要的是,在工作中人们会因为你的成瘾行为而奖励你。没有人会说:"哇,一晚上喝了一整瓶杜松子酒?你真是一个出色的酒鬼。"但如果你每天工作 16 个小时，很可能会升职加薪。

尽管疯狂工作确实有一些好处，但几乎可以肯定的是，其成本将远超其收益，就像自我治疗成瘾通常所造成的结果那样。职业倦怠、抑郁、工作压力，再加上工作与生活之间的冲突，肯定只会让情况变得更糟糕，而不是更好。[27] 就像伦布克还提到的，工作狂会导致继发性成瘾，如药物成瘾、酗酒或色情作品，人们用这些方式来自我治疗由主要成瘾症状引起的问题，往往只会给自己带来灾难性的后果。

哈佛大学教授阿什利·惠兰斯认为，工作成瘾是有解决办法的。[28] 她推荐了三种实践方法，首先是"时间审核法"。花上几天时间，详细记录你的主要活动，比如工作、休闲、跑腿办事，以及你在每一件事情上花了多长时间、有什么感受，尤其要注意那些能给你带来最积极的情绪和意义的活动。这些记录能向你传达两方面的重要信息：你的工作强度有多大（你无法拒绝的工作），以及你不工作时喜欢做什么（让恢复变得更有吸引力）。

接下来，惠兰斯教授建议安排好你的休息时间。工作狂倾向于将非工作的活动边缘化，将其视为"做一点就行了"的事情，因此会用工作挤占这些时间。这就是为什么工作中没什么效率的第 14 个小时会取代你原本用来陪伴孩子的 1 个小时。你需要在一天中为非工作的活动安排时间,就像为会议留出时间一样。

最后,安排好你的休闲时间,不要让休闲时间过于宽松。无序的时间安排反而更有可能促使你回到工作中,或者不得不做一些对身心健康没有好处的事情来打发时间,比如浏览社交媒体或看电视。你可能需要一个按照优先顺序排列的待办事项清单,就像对待工作那样对待你的休闲时间,好好计划你所重视的消遣活动。如果你喜欢给朋友打电话,那就不要留到碰巧有时间的时候再打,而是提前安排好时间并按照计划行事。把你的日常散步、祈祷时间和健身时段当作与总统会面那样郑重对待。

戒除工作成瘾可以真正改变我们的生活。它让我们有更多时间来陪伴家人和朋友,让我们在不工作的时候也能享受乐趣,还可以通过锻炼身体更好地照顾自己。所有这些事情都被证明可以增加幸福感,减少不开心。

解决了工作狂的困扰,却仍然没有解决努力工作背后的隐藏议题。也许你也和丘吉尔一样要面对"黑狗",或者你面对的是另外一种颜色的"狗":婚姻不顺、长期的匮乏感,甚至可能是与过度工作有关的多动症(ADHD)或强迫症。[29] 停止用工作分散注意力是一个直面困扰的机会,也许还可以帮助解决让你最开始过度沉溺工作的问题。

面对这只"狗"似乎是一件挺可怕的事情,所以你可能会直接求助于过去的"捕狗队":你的老板、你的同事,或者是自己的工作。与丘吉尔不同的是,你会找到方法永远摆脱这只带来麻烦的"狗"。

挑战 4　把自己当作老板

如果你正走在一条直线型、稳态型、短暂型或者螺旋型的职业发展道路上,那么你很可能非常关心自己的工作。当别人问你是做什么工作的时候,你会热情地告诉他们你的职业。在很多方面,你的工作是形成你身份认同的重要组成部分,对那些致力于自我提升的人来说往往更是如此。

对自己的职业有着强烈的认同并为自己的工作而感到自豪,这无可厚非。职业上的卓越是一种伟大的美德,我们也在全力以赴地追求卓越的谋生之道。但这种情况潜藏着危险:你很容易迷失真正的自我,迷失在职业头衔或职责所代表的自我中。你不是玛丽(三个孩子的母亲),也不是约翰(忠实的丈夫);你首先是地区经理玛丽,或者高级教师约翰。这就是所谓的自我客体化。

客体化他人显然是有问题的。当人们被他人通过物化的眼光或者骚扰等方式对待,沦为只剩下诸如身材、样貌等单一特征时,自信心和完成任务的能力都会减弱。[30]哲学家伊曼努尔·康德将这种情况称为变成"他人欲望的对象",此时"道德关系的所有动机都将失去作用"。[31]身体的客体化只是其中的一种,工作中的客体化则是另外一种,也是特别危险的一种情况。2021年,研究人员对工作场所中的客体化现象进行了测量。他们发现这种现象会导致职业倦怠、对工作的不满和抑郁。[32]如果雇主将雇员看作可有可无、可以随意处置的劳动力,甚至雇员只是把雇主看成是金钱的提供者时,这种情况就会发生。

因此,我们很容易理解为什么不应该将他人客体化。当客体化者和客体化的对象是同一人时(当你客体化自己时),这个过程就不那么容易识别了,但同样具有破坏性。人类可以通过多种方式客体化自己,例如,通过外貌、经济地位或政治观点来评估自我价值。但是所有这些都可以归结为一个具有破坏力的核心行为:将你自己的人性简化为一个单一特征,从而鼓励其他人也这么做。就工作而言,这可能意味着根据薪酬或者声望来决定自我价值。

正如社交媒体鼓励我们在身体上自我客体化那样,工作文化也在促使我们在职业上自我客体化。美国人往往崇尚那些忙碌而充满野心的人,因此很容易让工作几乎占据生活中的每一刻。我们身边的很多人除了工作几乎什么都不谈,他们基本上就是在说"我就是我的工作"。这么说可能听起来比"我是老板的工具"更人性化，也更有力量。但这种理解有一个致命的缺陷：理论上，你可以摆脱你的老板，换一份新工作，但你无法摆脱自己。记住：你是自己的 CEO。

工作中的自我客体化是一种暴政。我们变成了自己的可怕老板，对待自己没什么仁慈和爱。休假会引发愧疚感，让我们觉得自己很懒惰，这是我们谴责和贬低自己的一种方式。对于"我足够成功了吗？"这个问题，我们的回答永远是"不够，再加把劲！"。然后，当发生了不可避免的结果时，当职业生涯开始衰退或遭遇挫折时，我们会倍感失落和绝望。

在你的工作中，你是否将自我客体化了？如果你的回答是肯定的，那么希望你可以意识到，只要将自己客体化了，你就永远不会感到满足。你的工作应该是你的延伸，而不是相反。有两种做法可以帮助你重新评估自己的优先级。

首先，在工作和生活之间留出一些空间。也许你一生中有过一两段不健康的关系，但只有从中自愿或非自愿地解脱出来的时候，你才能意识到这一点。确实，人类的这种倾向也许可以解释为什么大多数的试探性分居更容易导致离婚，尤其是当分居时间持续一年以上时。[33] 正是因为空间提供了反思的视角。

请将这个原则运用到你的职业生活中。首先，休假的主要目的应该是从工作中休整一下，和所爱的人共度时光。显而易见，休假的意思就是充分享受假期的时光，把工作放在一边。你的雇主应当感谢你这么做，因为当你从休假中恢复活力时，工作效率会更高。

与此相关的是守安息日的古老观念，即每周有固定的时间不工作。在宗教传统中，休息不仅是一种美好的享受，还是我们理解上帝和我们自身的核心。《圣经·出埃及记》中有这样的记载："六日之内，耶和华造天、地、海和其中的万物，第七日便安息，所以耶和华赐福与安息日，定为圣日。"就算上帝也会不工作和休息，所以你也应该休息。

这种做法并不一定要有宗教信仰，除了在周六或周日避免一切工作，还可以有很多其他方式。[34] 例如，你可以在每天晚上设置一小段安息日，在这段时间内不工作并且将所有活动都放在人际关系和休闲上。（不工作也意味着不要查看你的工作邮件。）

结交一些不把你视为职业客体的朋友。许多在职业中表现出自我客体化的人会寻找那些只欣赏自己工作成就的人。这种情况是很自然的，但这也很容易变成建立真正友谊的阻碍，而我们都需要真正的友谊。如果你在交友过程中将自己客体化，你的朋友也会更容易将你客体化。

这就是为什么拥有职业圈子之外的朋友是如此的重要。试着与那些和你的职业生活没有任何关系的人建立友谊，可以鼓励你发展出工作之外的兴趣和美德，从而成为一个更完满的人。这一点与挑战 1 相辅相成：不仅要把时间花在工作之外，也要把时间花在与你的工作无关的人身上。（如果你的工作是照顾家庭，这个原则仍然适用。你需要与那些认为你不仅仅是一个提供者和照顾者的人建立关系。）

也许挑战自我客体化会让你感到不安。原因很简单：我们都希望以某种方式脱颖而出，而比别人更努力地工作、在工作中做得更好，似乎是实现这一目标的捷径。这是人类很正常的动机，但它也有可能导致毁灭性的后果。[35] 许多成功人士坦言，他们更愿变得与众不同而非快乐。[36]

极具讽刺意味的是，当我们试图变得与众不同时，也最终把自己简化为一个单一的品质，沦为了自己所制造的机器中的一个齿轮。在著名的希腊神话中，纳西索斯爱上的不是自己，而是自己的倒影。当我们在职业中将自己客体化的时候也是如此：我们学会了爱成功自我的影子，而不是生活中真正的自己。

不要犯这样的错误。你不是你的工作本身，我们也不是我们的工作本身。将你的目光从扭曲的倒影上移开，鼓起勇气去体验你完整的人生和寻找真正的自我。

平衡工作与生活的 4 个方法

当谈到创造你想要的生活时，你需要把生活中工作的部分做好。想想看：你人生中有 1/3 的时间都花在了工作上——无论是正式的工作还是照顾家庭，抑或是其他的职业安排。

当你审视自己的职业和人生标准的变化时，请牢记本章中提到的四个挑战，以及与此相关的宝贵经验，有助于你将它们转化为获得幸福的成长机会。

1. 从你的工作中寻求内部奖赏。在工作中获得最大满足感的正确目标不是金钱和权力，而是赚得的成功和为他人服务。通过这样的方式，你就能建立起一种工作状态，持续地为自己和周围的人带来喜悦和满足。

2. 通往事业成功和幸福的路径并非只有一条。确定你的职业发展道路是直线型、稳态型、短暂型还是螺旋型，然后通过关注你的内在信号来追求这条职业发展道路。

3.对数百万美国人和全世界的其他所有人来说，工作成瘾的问题不容小觑。诚实地审视自己的模式，评估自己的工作习惯是否健康。

4.你不是你的工作本身。自我客体化会导致幸福感的缺失。请务必在你的工作中安排休息的时间，并且让别人在生活中把你看作一个人，而不仅仅是一个职业人。

再强调一遍，我们根本无法告诉任何人什么样的工作会带来最大的幸福感，这取决于你自己。所有幸福工作的共同点是，对你而言，工作不仅仅是获得物质结果的手段，还是能为你带来更多美好的存在。这也是我们将本章命名为"你不是你的工作本身"的原因。

这可能是一个很高的要求。有些时候，也许工作无法让你充分体会到幸福，情况也会时时变化。诀窍不在于达到某种遥不可及的完美境界，而在于一直朝着更美好的方向努力。想要变得更加幸福，你可以将目标设定为让你的工作变得更有意义。

对有精神追求或者宗教信仰的人来说，秘诀是将体力劳动变成一种形而上学。这也是西班牙天主教神父圣若瑟马利亚·施礼华的基本哲学。正如他所主张的，我们通过工作热爱着这个世界。

（上帝）每天都在等待着我们，在实验室里、手术室里、军营里、大学的讲台上、工厂里、车间里、田野里、家里以及所有工作的广阔天地里。要清楚地认识到：即便在最普通的环境里也隐藏着神圣，这取决于你们每一个人对它的发现。[37]

也许你在读到这段文字时会惊叹，竟然有人能在像你所处的这样的平凡工作或日常生活的点滴细节里找到神圣感。不管是不是有宗教信仰，这都是可以达成的，也是你能做到的。但是，要做到这一点，还需要了解创造你想要的生活的下一个支柱：找到属于你的超越之路。

第八章

寻求日常生活之外的体验

《天赐恩宠》①是有史以来最受欢迎的一首基督教圣歌,已经被录制了 7000 多次。[1] 你肯定熟悉这首歌的曲调,甚至可能连第一节的歌词都烂熟于心。

> 天赐恩宠,如此甘甜。
> 我等罪人,竟蒙赦免。
> 昔我迷失,今归正途。
> 曾经盲目,重又得见。

---

① 《天赐恩宠》(Amazing Grace),也被翻译成《奇异恩典》。——译者注

你可能不知道的是这首脍炙人口的圣歌背后的故事。这首歌的歌词是在 1772 年前后由一位名叫约翰·牛顿的英国人写的。牛顿写下这篇歌词的时候已经 47 岁了，在此之前，他的生活正如他在歌词里所描述的那样，是放浪形骸和无恶不作的，毫无宗教信仰和道德原则。[2] 他成功躲避了英国皇家海军的强制征兵，在大海上以运送奴隶为生。

一天夜晚，牛顿在返回伦敦的船上遭遇暴风雨，许多同伴被卷入大海，他也差点葬身大海。后来，在思考自己幸存的原因时，他断定是上帝之手救了他，因为他的人生被赋予了重要的使命，而他的任务就是去发现它。当把注意力转向神圣之爱时，他的习惯和信仰发生了变化。他结婚了，并最终成为一名牧师和强烈反对奴隶制的废奴主义者。如今，他被认为是为英国奴隶制度的终结做出最突出贡献的先驱之一。

牛顿相信，是信仰让他有生以来第一次真正获得了自由。当然他也不是第一个这样断言的人，但是他那首著名歌曲的歌词里提出了两个振聋发聩的主张。首先，不是他找到了信仰，而是信仰找到了他；他的幸福不是来自对生活真相的遮蔽，恰恰相反，只有当他最终看清真相时，他才真正找到了幸福。

这就是那首著名的圣歌里提出的大胆主张：对超验真理的追寻

（在牛顿的例子里），他因此信仰了基督教。从更广义的角度来说，超验真理指的是超越此时此地的某种东西——它可以照亮你的人生，让你真正看清现实，并带来一种全新的喜悦，这是从任何其他地方都无法获得的。

有些人可能会说："这太荒谬了。"为了看清现实，我们就应该关注看不见的、未经验证的东西吗？理性需要信仰吗？这就像在说：火需要水，或者光明需要黑暗。

事实上，科学是一清二楚的，超验的信仰和体验会极大地帮助我们获得更多幸福感。为什么呢？因为我们总是习惯于去关注个人生活中的细枝末节，这是天性使然。我们的注意力被工作、家庭、金钱、社交媒体账号、午餐等等事项所占据。其中的大部分并非不重要，但是如果我们只关注自己或者狭隘的利益，人生就很容易变得枯燥乏味，我们就会失去对生活本身的思考。

走上一条形而上学的道路，可以让我们从每天的琐事和日常的烦扰中跳脱出来，扩大视线范围，获得更准确的人生视角。它让我们将关注点从自己身上移开而转向壮阔的天地万物，从而更加幸福。它还可以让我们对他人更友善、更慷慨——不那么执着于为自己获取和留存东西，而是作为这个世界的一分子去关注整个世界的需求。最重要的是，超越之路是一次探险，是一次精神上的远征，它能为我们的人生增添一种前所未有的热血沸腾的体验。

但是大环境中的各种说法以及自身产生的情绪，让我们止步不前。有人会说内在的生命体验是不科学的，看不见的东西缺乏相应的证据就证明了超验信仰只不过是一种迷信，这样的说法令人羞耻。人们身处的文化处处诋毁信仰和精神，他们认为自己的怀疑压倒了一切——其实只是因为没有经常感受到而已，他们就得出了结论，认为这是愚蠢的。

事实上，正如你将会在本章中看到的那样，精神体验有着深厚的科学基础，而且超验体验为我们提供了关于生命的重要信息，这些信息是我们无法通过其他方式获得的。然而，获得这些体验需要付出努力、做出承诺。本章将介绍我们在这方面普遍面临的挑战以及解决办法。

讨论信仰是件棘手的事

对阿瑟和我来说，精神和信仰是我们生活的核心。在这一章中，我们并不想劝说你信奉任何特定的信仰，包括我们自己的信仰在内，但是我们应该首先公开自己的信仰，这样你在阅读本章时能做到心中有数。

阿瑟： 我的信仰是我生命中最重要的部分。我从小成长在新教徒家庭，但十几岁时在墨西哥城的瓜达卢佩圣母堂有过一次神秘的经历，之后就皈依了天主教。（我父母对此很不满，但作为青春期的叛逆，这可能比嗑药要好一些。）成年后，我的修行实践日益增长，尤其是我开始走上了专门研究幸福的道路。如今，我每天都参加弥撒，每晚都与妻子埃斯特尔一起诵念《玫瑰经》，这是一种古老的天主教冥想祷文。

我有深厚的基督教信仰和实践，对西方和东方的其他宗教传统也有认真的研究，并与许多信仰的领袖关系密切。我曾与信仰印度教、佛教、伊斯兰教和犹太教的学者们共事，他们让我更靠近上帝，教给我很多真理，精进了我的信仰实践，丰富了我的灵魂。我还从斯多葛学派等哲学体系中汲取精华，丰富了我的信仰。

奥普拉： 我的整个人生一直被一只神圣之手指引着，我称之为上帝。我信奉并尊重基督教，但对所有相互联系的宇宙奥秘保持着开放的态度，对来自一切存在之源的一体性保持开放的态度。借用神学家兼哲学家皮埃尔·泰亚尔·德·夏尔丹的话来说，我相信我们是拥有人类经历的灵性生命,我们在大自然中,在我所认为的"生命"中以某种方式彼此相连。

在我的电视节目和播客《超级灵魂》(Super Soul)中,我采访了来自各种宗教和非宗教领域的数百位精神导师和思想领袖,他们都强调心灵之路是终极旅程。在数以千计的对话中,我观察到生命总是在对我们低语,它想要敦促我们成为最好的自己。对我来说,心灵修炼为我提供了一条通往自己理想生活的捷径。

我们两个人都非常热爱和欣赏那些真诚地激励他人,让世界变得更加美好的人们,无论他们是否有信仰。再强调一遍,阿瑟和我在本章中并不是想要让你相信我们所遵循的特定信仰和实践是正确的,而是想要告诉你,追求对生命中超验和形而上学层面的洞察力,可以极大地丰富你的生活,同时也能造福他人。

你的灵性大脑

宗教和灵修人士为什么要修行?如果问这个问题,他们很少会说:"这样我就能更加快乐。"相反,他们可能会像约翰·牛顿那样告诉你,这让他们能够在混乱的世界中理清自己的生活。他们发现，通过千篇一律的日常活动或者娱乐和消费等世俗的干扰，是无法获得洞察力的。许多人在寻求一种比日常生活更"伟大"的体验，如敬畏感、与他人或神灵合一的感受，以及时空界限的消失。

这个过程并不全是乐趣和游戏。调查报告说在进行超验实践时，会出现强烈的不适感，因为这就像一道强光照在身上。冥想初学者往往从来没有和自己的念头好好相处过，皈依宗教的人都必须直面自己的罪孽。研究哲学家并将他们的见解应用到生活中也包含了恐惧和牺牲。几乎所有的心灵修炼都是在说："我要承认我并不是无所不知，并且哪怕大家都在说这么做很奇怪、很愚蠢，我也要去做这件困难的事情。"

实践的结果往往会从生理开始改变我们的人生。心理学家丽莎·米勒是《内在觉醒》一书的作者，她和同事一起对超越经验（transcendent experiences）的神经机制进行了大量的研究。举个例子，她发现与回忆紧张的经历相比，回忆灵性经历会减少内侧丘脑和尾状核的活动，这两个区域是大脑处理感官和情绪相关的脑区——因此，它们或许可以帮助人们摆脱过度思考和思维反刍的内心困境。[3] 通过研究脑损伤患者的行为，其他学者将自我报告的灵性体验与中脑导水管周围灰质区的活动联系起来，该区域是调节包括恐惧、疼痛以及对爱的感受的脑干区域。[4]

神经科学家通过脑电图的技术，观察到了特别强烈的灵性体验的记忆，例如与上帝的结合。2008 年，在一项针对天主教加尔默罗会修女的实验中，要求修女们回忆一生中最神秘的体验，以及与另一个人最强烈的结合状态，神经科学家对这两种情况下修女们的大脑活动进行了比较。[5] 神秘体验的状态下（与对照状态相比）大脑内的 θ 波显著增加，这个模式在做梦的状态下也会出现。[6] 在后续的访谈中修女们提到，在最初的神秘体验中，她们感受到了上帝的存在，以及无条件和无限的爱。

宗教信仰与寻找人生目标密切相关。心理学家在一篇 2017 年的文章中测量了 442 人的宗教信仰水平，发现该水平与他们的意义感相关显著。[7] 考虑到意义感和幸福感之间的紧密联系，宗教和灵性被证明可以对抗抑郁症的复发和对犯错的焦虑反应，这也许并不令人惊讶。[8]

研究人员发现，身体疾病也有同样的模式。接受重症治疗的病人表示，与那些精神需求被排除出护理计划的病人相比，如果除了医生和护士，有精神护理方面的专业人员（如牧师）在身边参与护理的话，病人的生活质量会更高。[9]

在团体中和其他人共同追求宗教和精神信仰也会降低人们的孤独感。这或许显而易见，因为人们倾向于在社区环境中信奉宗教，而且有很多证据表明宗教可以加强社会纽带。[10] 但灵性本身似乎也有可能会降低孤独感。2019 年，学者们让 319 人对诸如"我和上帝建立了个人意义的关系"这样的陈述进行评价。他们发现灵性的肯定与孤独感之间存在着非常显著的负相关，由此心理健康水平得以提升。[11]

有一个底线是：灵性、宗教和其他形而上学的体验并不是一种虚幻的现象，它影响着你的大脑，让你获得从其他方式中无法得来的洞察力和知识。

但这样做充满了挑战。最常见的三个挑战是：我们难以集中精力，难以找到自己的道路，难以坚持正确的动机。这些就是我们在本章中要面对的挑战。

挑战 1　有多少时间真正活在当下

人生最大的问题之一就是，我们错过了太多。当然，这不是字面上的意思，但仔细想想：你有多少时间是真正活在当下的？日常生活中，我们大多数的时候并没有将注意力放在此时此刻，而是将大部分注意力都放在了过去和未来——以牺牲当下的专注为代价。如果你不相信的话，就随时观察自己的想法，这些想法像一只疯狂的猴子一样跳来跳去。上一秒还在回味上周别人和你说的话，下一秒就在考虑周末打算做些什么。在想东想西的过程中，你正在错过此刻的生活。

现在，在冥想或祈祷的过程中闭上眼睛，你就会真正地安住在你生命的这一刻——你是正念的。换句话说，超越的体验会给你带来更多的生命体会。

然而我们却很少这样做，人类有一种抗拒活在当下的非凡能力。确实，人类心智的精髓就在于能够重现过去的事件和预演未来的场景。拥有这种天赋当然是件好事，因为它能让我们最大限度地吸取经验教训，并有效地为未来作准备。但这同时也是一种诅咒。一行禅师在他的《正念的奇迹》一书中对此解释道："洗碗的时候应该只是在洗碗，也就是说，在洗碗的时候我们应该将注意力全然地集中在自己正在洗碗这件事情上。"[12] 如果边洗碗边想着过去或者未来，"我们这样洗碗的时候就没有真正活着"。

即便你不是佛教的信奉者，也能知道正念正在风靡全球。通过市面上数十个应用程序和网站，你可以学到最新的正念技巧。研究发现，练习正念除了能让你安住在此时此刻，也是帮忙解决许多个人问题的良方。研究表明，它可以减轻抑郁、降低焦虑、提高记忆力和减少背部疼痛[13]，甚至还能提升考试分数[14]。

如果正念具有那么神奇的效果，那为什么我们所有人并不是每天都在练习呢？为什么我们还在花那么多时间美化或后悔着过去，以及期待着未来呢？答案是：正念不是天生的，而且实际上很难做到。很多心理学家认为，作为一个物种，人类并不是为了享受此时此刻而进化过来的。相反，我们天生习惯于思考过去，更关注未来，习惯去考虑新的情况并尝试新的想法。心理学家马丁·塞利格曼甚至把我们人类物种称为"未来智人"（Homo prospectus），意思是我们天生就让自己生活在未来。[15]

回避正念也是我们用来分散对痛苦的注意力的常用方法。研究人员发现，与积极情绪下的状态相比，人们在消极情绪下更容易走神。[16] 恐惧、焦虑、神经质，当然还有无聊，都是导致注意力分散和走神的一些不快乐的源头。[17] 消极的自我认知（比如，对自己感到羞耻）也很可能让注意力从当下分散。有学者的研究表明，那些饱受羞耻感折磨的人往往比没什么羞耻感的人更容易走神。[18]

如果你发现自己很难做到正念，或许可以归咎于两个潜在的问题：你不知道如何安住在你的头脑中，或者你明确地知道怎么做但觉得这个过程毫无乐趣可言。如果阻碍你的原因是前者，那么无论如何，请深入研究广泛且数量不断增长的正念技术和相关文献。你可以尝试正式的冥想，或者只是更多地将注意力放在你当前的环境上。

如果你的问题出在了后者，那么你需要直面恐惧和不适的根源。从长远来看，逃避自己是行不通的。事实上，大量研究表明，为了逃避情绪而胡思乱想只会让事情变得更糟而不是更好。[19] 你可能会选择在专业人士的帮助下解决你当下不幸福的根源，就像你可能会就婚姻问题向咨询师寻求帮助一样。但是，即便只是承认你不舒服的情绪（你的恐惧、羞愧、内疚、悲伤或愤怒）可能就会是解决问题的开始，因为承认情绪会鼓励你直面自己对体验这些感受的抗拒，然后发现它可能没有你想象的那么令人不快。

请注意，正念与沉思（navel-gazing）不是一回事，把注意力放在当下并不是说沉迷于自己以及自身的问题，而无视他人。研究者们已经证明，过度地关注自我会增加自我防御和消极情绪。[20] 正念是指将自己视为更广阔世界的一部分，不带评判地观察自己的情绪。当你努力专注于当下时，要提醒自己两件事：你只是80亿人中的一员，情绪来来去去是人活着的常态。本书前面介绍的元认知工具应该会在你努力变得更加正念的过程中提供很大的帮助。

当然，你也有走神的时候，毕竟你也是人。而且有时候，你甚至会有目的地让自己走神。举个例子，在牙科医院等待的时候，你可能会选择看一本杂志以避免去想即将进行的根管治疗。这里的关键在于，这是你偶尔做出选择。也就是说，你实际上是在管理自己的情绪，而不是让情绪驾驭你。在这种情况下，分散注意力的做法只是你情绪武器库中偶尔拿出来用的一个工具，但正念应该始终是你的默认设置。

挑战 2　开始内在觉醒

开始超越之路（或者加速）最重要的部分就是启动。人们终其一生都希望自己有信仰，却不做任何努力。觉醒不会像天气变化一样说来就来，它需要你的认真对待。就像考大学和健身一样，最难的部分就是启动，这是一种选择。

这里有一些建议，希望对你有所帮助。

首先，一切从简。优秀的专业健身教练为那些很多年（或者可能从来）没有锻炼过的客户提供服务时，从来不会在一开始就进行复杂的体能测试和按部就班的训练计划。在最初的几周里，他们会鼓励客户每天做一小时既轻松又能动起来的活动，通常会让他们去散散步（稍后将详细介绍）。同样，当人们询问如何开始走上一条灵性道路的时候，最佳答案并不是隐退到喜马拉雅山静坐 30 天——这相当于是第一次去健身房就让自己拼命举起和自己体重相当的重量。相反，它应该是轻松简单的，比如悄悄溜进教堂观看礼拜仪式，用一种不加评判或期待的方式坐在后面观察。

其次，多阅读。超越体验的修行需要学习。可以开始广泛阅读充满智慧的文献，包括你自己所在地域的传统。与前面一条建议的精神保持一致，不要从最艰深的文本开始读。与其试图读完佛陀的巴利文原著或托马斯·阿奎那的《神学大全》，不如去图书馆或书店找一本更加通俗易懂的佛教或基督教图书。[21]

最后，放手。你下定决心管理自己的人生。你愿意努力让自己变得更加幸福，这很好，但这一切可能要付出代价。具体来说，你可能想要控制一切，然而想要控制一切的需求可能会阻碍你的灵性之旅。因为灵性之旅往往需要一种直觉的态度——以一种孩子般的方式，允许自己去体验自己不理解的经历，而不是用事实和知识扼杀它们。当然，在一本关于幸福科学的书里提到这样的观点好像有点讽刺，但研究者们已经证明，那些推理风格更偏向直观的人（即回答问题更基于"感觉"的人）比那些更偏向分析的人表现出更强烈的宗教信仰。[22] 这一发现与受教育程度、经济收入、政治观点和智力水平的差异无关。换句话说，不要因为无法解释就排除了某些事情的可能性。

也许你读到这里,依然会摆摆手说:"我不理解这一切,我并不是一个崇尚灵性的人。"好吧,那就做一件事情:走到户外,和大自然建立联结。这是最久经考验的获得超越体验的方法之一。

遗憾的是,这种情况越来越少。毕竟,美国人户外工作的比例从19世纪初的90%下降到了20世纪末的不到20%。[23] 在休闲方式的追求上也呈现出相同的模式,与2008年相比,2018年美国人的自然郊游次数减少了约10亿次。[24] 如今,85%的成年人表示,比起现在的孩子们,他们小时候在户外活动的时间更多。[25] 在过去的几个世纪,特别是过去的几十年,人们远离大自然的趋势有着显而易见的原因。首先,世界人口已经城市化,大自然不再触手可及。根据美国人口普查数据,1800年,6.1%的美国人口居住在城市地区;到2000年,这个数字增加到了79%。[26] 其次,无论你生活在哪里,科技都在取代户外活动,成为你注意力的焦点。2017年的一项研究指出,各个年龄段人群的屏幕使用时间都在迅速增加(2016年,成年人平均每天浏览屏幕的时间为10小时39分钟),与此同时,狩猎、钓鱼、露营和儿童户外活动的时间都在大幅度地减少。[27]

也许你是一个做着办公室工作的城市人,整日整夜都被困在自己的办公桌上,除了从家里步行到汽车或地铁站,你已经几个月甚至几年没有好好花时间走进大自然了。如果是这样,你可能正遭受着一些明显的不适，比如压力、焦虑甚至抑郁。在 2015 年的一项研究中，研究人员让人们在大自然或者城市中散步 50 分钟。[28] 在大自然中散步的人表现出更低的焦虑水平、更好的情绪状态和更强的工作记忆。对于诸如"我经常反复思考生命中那些我不应该关心的事情"之类的说法，这些人也更少表达同意。

专注于形而上学层面的问题会让你更少地在意其他人的看法。显然，接触大自然也有同样的效果。2008 年，研究人员发现，与在大自然中散步 15 分钟的人相比，在城市中散步 15 分钟的人同意"现在我很在意自己的形象"这一说法的可能性要高出 39%。[29]

如果你还需要一些理由来说服自己，也许美国作家亨利·戴维·梭罗说过的几句话会对你有启发，他相信大自然的超凡力量。他在 1862 年写道："我正走在一片草地上，那是一条小溪的源头，当寒冷、灰暗的一天结束之际，太阳终于在落山前到达了地平线上清晰的地层。"[30] 在这一平凡的经历中，他发现了崇高，仿佛他自己正走向圣地——"直到有一天，阳光将比以往任何时候都更加灿烂，或许会照进我们的思想和心灵，用伟大的觉醒之光照亮我们的整个生命，就像秋天的河岸一样温暖、宁静，并散发出金色的光芒。"

梭罗相信，大自然中蕴含着我们无法理解的力量——与大地的接触会改变我们。从现代科学来看，他可能是对的。[31] 研究人员发现，暴露在自然光（而非人造光源）下，会使你内部的生物钟与太阳的升起和落下同步。[32]（花几天时间扔下你的电子设备，减少人造光源的照明，你也许会发现自然入睡变得比以往任何时候都更容易了。）同样，一些小样本的实验也发现，当人们在户外用赤脚行走的方式与大地进行身体接触时（即所谓的让人体"接地"或"着陆"），他们自我报告的健康状况和情绪都会有所改善。如果你想让自己感觉好一点，脱掉鞋子在户外待上一整天也许会很有帮助。[33]

基本的要点是：有很多方法可以让你开始一段超越之旅。不一定非得很复杂或者很深奥，其实可以用一种温和又简单的方式开始。比如做一下祈祷、读点书、放空自己，不带任何电子设备到户外走走。最重要的是启动起来。

挑战 3　找到正确的关注点

在追求灵性之路上，人们犯下的最大错误就是为了个人目的而追求灵性。之前关于家庭和友谊的章节中指出了一个悖论：当我们无偿地付出爱时，我们往往得到的爱最多。信仰和灵性修炼也存在类似的悖论。也就是说，当你的目标不是个人利益时，你反而会在个人层面上获益。

日本禅宗用"公案"或"谜语"来传授他们的信仰。其中最有名的公案"双手击掌之声人尽知，只手击掌之声又若何？"似乎是一个无厘头的问题，直到你意识到答案是"幻觉"。击掌动作中的一只手可以让你想象出击掌的声音，但在加入第二只手之前，不会发出真正的声音。这说明了佛教的"空性"思想——在我们与他人建立交流之前，我们每个人都是空无意义的。要享受爱，你必须爱他人并且被他人所爱。这就是为什么菩萨要打坐——不是为了缓解自己的压力和焦虑，而是为了关注众生的压力和焦虑。

这几乎是所有信仰和传统背后的神秘真理。奉行神圣的信条，寻求终极真理，从而努力让他人更加幸福，而非自己。只有这样，你才能在自己的追求中取得更大的成功。

C.S. 刘易斯在其著作《返璞归真：纯粹的基督教》中总结了这一悖论，书中描述了一个叫迪克的人，他渴望幸福和美好。"只要迪克不向上帝求助，他就会认为他的美好属于他自己，只要他这么想，美好就不属于他。只有当迪克意识到，他的美好不是他自己的，而是上帝的恩典，他把美好奉献给上帝时，美好才真正属于他自己。此时，迪克开始参与到他自己的创造中。我们唯一能够保留的东西就是我们无偿奉献给上帝的东西。我们试图为自己保留的东西，恰恰是我们一定会失去的东西。"[34]

如果你走在超越之路上，你会变得更加幸福，但前提是，幸福不是你的目标。你的目标必须是寻求真理和他人的福祉。

寻求超越体验的 4 个方法

我们无法告诉你超越之路应该是怎样的，但我们能够告诉你的是，如果追求超越之路，你将会拥有更美好的人生。科学研究清楚地表明，形而上学的体验并不是迷信的无稽之谈，而是能给你带来从其他地方无法获得的幸福感。当然，寻找和沿着自己的道路前行会遇到各种各样的挑战，于是我们列出了其中最大的三个挑战。运用你的情绪管理技能来学习以下经验，你将会有最大的收获。

1. 精神生活可能很难，因为这种生活方式与周围不断分散我们注意力的刺激相悖。我们必须努力做到临在（present）和正念（mindful），而且随着练习的增加，我们会做得越来越好。

2. 一味地等待，期待某种灵性的修行可以找到自我是错误的做法，这通常不会发生。就像其他任何有价值的事情一样，我们需要努力去建立一种灵性的修行，而最重要的是迈出第一步。

3. 信仰或者精神实践的重点不应该只放在内在。这对我们的好处是巨大的，但动机必须是寻求真理和关爱他人。

与前面几章的经验不同，这些经验很难立即付诸实践并取得立竿见影的效果。因此让我们加上第四个经验，从而有助于在未来的几个月和几年里开始落实前三点：每天为自己的精神或哲学生活投入固定的时间。例如，早上起床后花 15 分钟阅读充满智慧的文献、静坐沉思或者祈祷。如果家里太嘈杂了，你可以安排在午休或者晚上。一开始，你会觉得 15 分钟很长，但随着时间的推移会变得越来越容易，如果坚持下去，你可能会想要延长这段时间。不过，成功的关键在于一开始的坚持，每天只用 15 分钟就好。

就这样，我们进入了"创造你想要的生活"计划第二阶段的尾声。我们需要关注并管理重要的事情——家庭、友谊、工作和信仰这四大基本支柱——迎接每一个支柱所面临的最大挑战。

在这八章中，我们涉及了大量的知识，涵盖了无数的科学研究。其中的许多经验和概念肯定会让你感到惊讶，另外一些是你已经知道但需要被提醒才能想起来的。也许所有这一切都阐述了最基本的道理，但通常来讲，幸福的经验应该总能通过"祖母的测试"（如果祖母说"那是无稽之谈"，你就得非常警惕了）。

现在的挑战是记住这些经验。对大多数人来说，生活的复杂性很容易让人忘记新的想法，回到旧的模式中去。正因为如此，本书在结尾部分提供了一个万无一失的方法，帮助你巩固这些原则，让你可以创造自己想要的生活并让自己变得更加幸福。这个方法就是：成为老师。

来自奥普拉的寄语

我从小就喜欢学习,也喜欢分享我所学到的知识。事实上,在写这篇文章的时候,我觉得知识只有在分享之后才会变成真正的知识。

对我而言,《奥普拉脱口秀》的本质一直是一个课堂。我对很多事情都充满了好奇,从错综复杂的消化系统到人生的意义。我有太多的东西想知道,有太多的问题想要提问和得到解答——我想其他人也会和我一样,对这些议题充满了好奇和疑问,因此我邀请嘉宾们参加节目,让他们成为我们的老师。当然,现场的很多观众也分享了他们的智慧,很多人来到节目现场分享了那么多的东西。

分享知识的乐趣也解释了为什么我要创办读书会。对我意义最为深远的小说和回忆录打开了我的视野，让我看到了更深层的真相和全新的经历，又或者把有意义的想法更清晰地集中在一起——而且我天生就不喜欢把这些真相、经历和想法藏在自己的心里！即便是在读一本我喜欢的书，我也会想象着在与其他人谈论这本书，这样会大大增加我的阅读乐趣。

事实上，我一直觉得自己被召唤成为一名老师，当我说出这句话时，心中并没有丝毫的傲慢。在我看来，老师并不是无所不知的人，老师只是分享自己所学的人。

我曾经在南非的女子学校教过课，举办过工作坊，但我在那里的角色主要是导师。（嗯，导师和学生。我可以写一本书来讲述我在建立学校过程中学到的艰难的经验教训。更别说那些女孩本身不断地教给我的经验了。她们的数量之多——现在已达数百人——强化了我前面提到的"超脱依恋"的经验。我不可能为这么多女孩她们每一个人的未来结果投入精力，她们每个人都有自己的背景、能力、梦想和渴望。我的工作就是为她们敞开大门，而只有她们自己才能决定走进这扇门之后要做些什么。）

在我指导"我的女孩们"时，我喜欢强调，人生的成功不在于拥有正确的答案，而在于提出好的问题：活得好意味着什么（是对我来说的意义而不是按照别人的模板）？以及我要怎么做？什么是真正值得为之奋斗的？我能提供什么以及我要如何履行职责？我能从自己的经历，尤其是最艰难的经历中汲取什么经验教训？如何才能充分利用我在这个世界上有限的时间？

阿瑟在本书中探讨的正是这些问题，这绝非巧合。这些问题抓住了如何变得更加幸福的核心，它们肯定了这是一个积极的过程，幸福不是一个存在的状态，而是一个不断成为的方向。而且这些问题聚焦在这个过程中非常重要的部分：你的主体性。这些问题让我们意识到，掌握着你的幸福（你更幸福的状态）的人是且永远都将是你自己。

在本书中，我看到了太多的自己，估计你也会从中看到自己。不仅仅是你过去的样子，也包括你能成为的、真正变得更幸福的那个人。当遵照阿瑟提出的原则来生活时，我变得越来越幸福。实际上，我玩得很开心——以前我的字典里没有这个词，因为我太专注于工作了。现在，我开始旅行和冒险，对全新的体验说"好"——因为我想这么做，而不是觉得自己有义务而不得不这么做。而且我已经多次验证过，当我们分享快乐时，快乐会成倍地增加。我希望本书也能让你开始分享。

当你学有所悟,就分享你的领悟;当你业有所就,就回馈你的成就。

——玛雅·安吉罗

结语

当你开始分享，幸福会成倍增加

你拿起本书是为了创造你想要的生活，关于如何做到这一点，你已经学到了很多新的想法。要将这些想法付诸实践，你必须记住它们。做到这一点的窍门是：把你学到的东西教给一只"塑料鸭嘴兽"。

我可能要向你解释一下这句话的意思。有一种技术被称为"塑料鸭嘴兽学习法"，这种方法要求人们向任何无生命的物体解说他们学到的东西，无生命的物体就比如……一只塑料鸭嘴兽。当然，也可以是一只橡皮鸭子或者一个保龄球，但这不是重点。对这一技术的研究表明，如果你能连贯地解释某个知识点，就会吸收其中的信息并且记住它。原因很简单，而且你也已经了解了。你需要对信息进行元认知加工，即运用你的前额叶皮质，这样你才能理解并且使用它。而要做到这一点,最好的方法就是清晰地解释你学到的东西。

然而,比塑料鸭嘴兽效果更好的是真人。大量研究表明,教授一门课程是深入学习这门课程最可靠的方法。著名的语言教师让·波尔·马丁最早证实了这一点,他通过让学生互相指导而成功地教授了外语。[1]后来的研究通过实验也阐明了这一概念,在实验中一组学生自学教材,另一组学生则向其他人讲解教材。[2](他们的学习时长相同。)实验结果发现,第二组学生(充当教师向他人讲解的学生)比第一组学生更好地理解和记住了教材。

教别人如何变得更加幸福,不仅仅是巩固自己头脑中的想法。在全世界几乎所有地方(尤其是美国),大家的幸福感普遍都在下降,我们的世界需要倡导者和勇士们来帮助数百万遭受痛苦却得不到解脱的人。至今依然有许多人认为,生活中只要有痛苦,就没有希望。找到你生活中处于这种状况的人,成为他们的希望。

现在你可能会说:"当我还在努力过好自己的生活时,怎么能帮助别人创造他们想要的生活呢?"这正是你成为他人老师的时机和原因。最好的讲授幸福的老师是那些必须通过努力才能获得他们所授知识的人,而不是那些每天从床上爬起来就心情大好的幸运儿。这些少数幸运儿就像社交网站照片墙上的健身网红一样,他们有着优越的基因，想吃什么就吃什么，不知道我们其他人要面临什么样的挑战。

不要隐藏自己的挣扎。用自己的真实经历来帮助他人了解到自己并不孤单，获得更多幸福是可能的。你的痛苦让你有了可信度，你的进步给了你鼓舞人心的力量。同时，与他人分享还会增加你的进步，这是完美的双赢。

更年长，更智慧，更幸福

教人幸福也是让自己随着时间的推移变得更加幸福的最佳策略。许多人到中年时期非常大的痛苦来源之一，就是觉得虽然自己的人生还长，但能力却在不知不觉中下降。对那些在自己的技能提升上投入了大量精力的人来说，尤其如此。

如果你发现自己到了中年或中年之后，已经失去了优势或是感到有些倦怠，这是非常正常的。研究人员早就注意到，许多技能（例如，分析能力和创新能力）往往在人生早期迅速提高，然后在 30 岁到 40 岁时下降。这就是所谓的"流体智力"（fluid intelligence）。流体智力让你在年轻的时候擅长于做自己想做的事情，而当它下降的时候你才会真正留意到它，而且流体智力的下降往往比你预期的要更早到来。[3]

还有一种智力是后来才出现的，叫作"晶体智力"（crystallized intelligence）。这是一种不断增长的能力，可以将复杂的想法结合起来，理解它们的含义，识别其模式并教给他人。这种智力水平在整个中年时期都会上升，并且能一直保持到老年。如果你年过50，发现自己比以前更善于洞察规律，更善于向别人解释自己的想法，那是因为你的晶体智力水平更高了。

对流体智力和晶体智力的研究表明，人的一生应该扮演不同的角色，让这两种智力得以互补——但随着年龄的日益见长，应该将重心更多地放在教导和指导他人上，因为这是你不断增长的天然优势。或许是事业上有变化，或许是工作中的侧重点发生了变化。我们经常会见到那些为了养育孩子而离开工作岗位的人，空巢之后他们重返工作岗位，但扮演的工作角色与多年之前相比存在很大的差异。

顺便说一句，这不仅仅是职业发展上的建议。在生活中，当我们随着年龄的增长更多地依靠自己的智慧时，会做到最好，幸福感也最高。人们如此喜欢当祖父母的原因，除了可以整天宠着孩子而后各回各家这个事实，还因为在这个过程中可以依赖晶体智力。祖父母依靠他们的经验和智慧，往往不会为了小事而抓狂，这让一切变得更加从容、更加有趣。

而这又把我们带回了讲授如何变得更幸福的经验中。随着年龄的增长，成为一名讲授幸福的教师对你来说会越来越自然。你的年龄越大，这些知识就越能真正属于你，其他人也会找你来学习。

最重要的基石

阅读本书时，你可能会注意到一个贯穿始终的主题：每一种帮助你创造自己想要的生活的实践，都基于一件事。

爱。

开始一个让自己变得更幸福的计划并努力管理好自己的情绪，就意味着你足够爱自己，爱到足以做出这项投资。幸福的所有支柱也都与爱有关：对家人的爱、对朋友的爱，通过在工作中呈现最好的自己来展现爱，以及通过你的超越之旅来表达对神明的爱。而成为讲授你所学知识的老师，则是你对生命中每个人都充满爱的行为。

和幸福一样，爱也不是一种感受。正如马丁·路德·金在 1957 年所说的那样："爱不是我们谈论的感性的东西。它不仅仅是一种情感。爱是具有创造力的，是一种对所有善意的理解。"[4] 爱是一种承诺，是一种意愿和自律的行为。就像如何变得幸福一样，爱是一种通过练习会越来越擅长的能力，它会在不断重复的过程中变得越来越自动化，久而久之就会成为一种习惯。一旦养成了爱的习惯，其他一切都会水到渠成。

在每一天开始的时候，都对自己说："我不知道今天会发生什么，但我会爱别人，也允许自己被爱。"每当你想知道自己在某个具体情况下该怎么做时——不管是大事情，像是决定接受一份新的工作，还是小事情，比如在交通堵塞的时候让别人进入自己的车道——试着问自己："现在做什么是最有爱的呢？"用你在本书中学到的知识来武装自己，你就永远不会出错。

当然，你并不是坚不可摧的，即使你致力于情绪的自我管理，努力地建立你的家庭、友谊、工作和信仰，仍然会有一些日子让你觉得爱似乎遥不可及。你会对某人做出糟糕的回应，你会让自己的感受占据上风，你会在挫败面前举手投降，这些都是很正常的。进步的关键不在于完美，而是在于一次又一次地开始。每一天都是全新的一天，也是又一次拿起锤子继续工作的机会。只要提醒自己，你想要的生活建立在爱的基石之上，然后重新开始就好了。

阿瑟和我在自己的生活中也是这样做的。我们是同一个项目的一分子——通过把生活建立在爱的基础上让自己变得更加幸福。正是这个原则让我们走到了一起，结成了合作伙伴，并写下了本书。

请记住，我们与你并肩前行，将我们最美好的祝愿送给你，祝你在旅途中一切顺利。同时，我们希望你也能为我们做同样的事情。我们可以互相帮助、互相鼓励，创造我们想要的生活。当我们团结在一起时，甚至还可以共同创造出我们想要的世界。

致谢

我们很高兴能一起合作完成本书。但我们并不是躲在奥普拉的房子里,仅凭两个人就完成了本书。书中汇集了很多人的想法、辛勤的工作和大力支持,这才让本书有了出版的可能。

我们感谢由雷娜·鲁达夫斯基、里斯·布朗和布赖斯·福埃梅勒组成的研究团队,他们追踪了成千上万的参考资料,核对了一个又一个的事实证据。哈佛大学的乔舒亚·格林教授审核了本书中有关神经科学方面的内容,并给了宝贵的反馈,让我们的书稿更为完善。奥普拉感谢德博拉·韦协助她梳理了谈论幸福的文字和语言。塔拉·蒙哥马利、坎迪斯·盖尔和鲍勃·格林为我们提供了具有建设性的意见,确保本书在忙乱的日程安排中得以顺利完成。妮科尔·尼科尔斯、切尔西·赫特里克和妮科尔·马罗斯蒂卡负责沟通工作，确保全世界都知晓这个项目。如果没有 Harpo 公司和 ACB Ideas 公司的许多同事的支持，特别是雷切尔·艾尔斯特、曼弗雷迪、莫莉·格莱泽、奥利维娅·拉德纳、乔安娜·莫斯、萨曼莎·蕾和玛丽·赖纳的支持，本书将无法完成。

我们非常感谢 Portfolio 的编辑布里亚·桑福德，阿瑟在创新艺人经纪公司的文学经纪人安东尼·马特罗，以及我们的法律代表马克·查姆林和肯·韦恩里布在整个创作过程中给予的鼓励和指导。

阿瑟感谢哈佛大学肯尼迪学院和哈佛大学商学院的领导和他的同事们，他们为他创造了一个富有支持性和创造性的学术家园，让这项工作得以蓬勃发展。他在哈佛大学商学院的领导力与幸福课程的 MBA 学生，以及哈佛大学肯尼迪学院的领导力与幸福实验室的参与者和支持者，都以一种振奋人心的方式提醒着我们，幸福是可以提升和分享的。阿瑟还要感谢《大西洋月刊》，本书中的许多观点和一些段落最初刊登在阿瑟的每周专栏"如何打造人生"中。还要特别感谢杰夫·戈德伯格、雷切尔·古特曼·韦、朱莉·贝克和埃纳·阿尔瓦拉多·埃斯特列尔，他们让每周专栏的更新得以实现。阿瑟的研究得到了来自丹·达尼洛、拉文尔·库里、塔利·费里德曼、辛蒂和克里斯·高尔文以及埃里克·施密特的慷慨资助。

正如我们在本书中明确指出的那样，幸福是建立在家庭中的，是建立在我们无论身处顺境或逆境都能依靠的情感纽带中的。如果没有家人的爱和支持，我们根本无法为任何人提供建议，帮助他们获得更多的幸福。对阿瑟来说，首先要感谢妻子兼精神导师埃斯特尔·芒特·布鲁克斯，还要感谢若阿金、卡洛斯、玛丽娜、杰西卡和凯蒂林·布鲁克斯。对奥普拉来说，要感谢所有亲爱的伙伴，你们知道自己是谁，是你们让每一天的生活都更加幸福。

注释

前言　把不喜欢的柠檬做成柠檬水

在前言部分的真实故事中，除特别注明外，均使用虚构的名字，并对一些细节进行了更改。

1. Michael Davern, Rene Bautista, Jeremy Freese, Stephen L. Morgan, and Tom W. Smith, General Social Surveys, 1972–2021 Cross-section, NORC, University of Chicago, gssdataexplorer.norc.org.
2. Renee D. Goodwin, Lisa C. Dierker, Melody Wu, Sandro Galea, Christina W. Hoven, and Andrea H. Weinberger, "Trends in US Depression Prevalence from 2015 to 2020: The Widening Treatment Gap," *American Journal of Preventive Medicine* 63, no. 5 (2022): 726–33.
3. Davern et al., General Social Surveys, 1972–2021 Cross-section.
4. *Global Happiness Study: What Makes People Happy around the World*, Ipsos Global Advisor, August 2019.

第一章　幸福不是目标，不幸福也不是敌人

这一章里的部分内容由以下文章中的一些观点和段落改编而来。

Arthur C. Brooks, "Sit with Negative Emotions, Don't Push Them Away," How to Build a Life, *The Atlantic*, June 18, 2020; Arthur C. Brooks, "Measuring Your

Happiness Can Help Improve It," How to Build a Life, *The Atlantic*, December 3, 2020; Arthur C. Brooks, "There Are Two Kinds of Happy People," How to Build a Life, *The Atlantic*, January 28, 2021; Arthur C. Brooks, "Different Cultures Define Happiness Differently," How to Build a Life, *The Atlantic*, July 15, 2021; Arthur C. Brooks, "The Meaning of Life Is Surprisingly Simple," How to Build a Life, *The Atlantic*, October 21, 2021; Arthur C. Brooks, "The Problem with 'No Regrets,'" How to Build a Life, *The Atlantic*, February 3, 2022; Arthur C. Brooks, "How to Want Less," How to Build a Life, *The Atlantic*, February 8, 2022; Arthur C. Brooks, "Choose Enjoyment over Pleasure," How to Build a Life, *The Atlantic*, March 24, 2022; Arthur C. Brooks, "What the Second-Happiest People Get Right," How to Build a Life, *The Atlantic*, March 31, 2022; Arthur C. Brooks, "How to Stop Freaking Out," How to Build a Life, *The Atlantic*, April 28, 2022; Arthur C. Brooks, "A Happiness Columnist's Three Biggest Happiness Rules," How to Build a Life, *The Atlantic*, July 21, 2022; Arthur C. Brooks, "America Is Pursuing Happiness in All the Wrong Places," *The Atlantic*, November 16, 2022.

1. Jeffrey Zaslow, "A Beloved Professor Delivers the Lecture of a Lifetime," *Wall Street Journal*, September 20, 2007.
2. Saint Augustine, *The City of God*, book XI, ed. and trans. Marcus Dods (Edinburgh: T. & T. Clark, 1871), chapter 26, published online by Project Gutenberg.
3. E. E. Hewitt, "Sunshine in the Soul," Hymnary.org.
4. Yukiko Uchida and Yuji Ogihara, "Personal or Interpersonal Construal of Happiness: A Cultural Psychological Perspective," *International Journal of Wellbeing* 2, no. 4 (2012): 354–369.
5. Shigehiro Oishi, Jesse Graham, Selin Kesebir, and Iolanda Costa Galinha, "Concepts of Happiness across Time and Cultures," *Personality and Social Psychology Bulletin* 39, no. 5 (2013): 559–77.
6. Dictionary.com, s.v. "happiness," www.dictionary.com/browse/happiness.
7. Anna J. Clark, *Divine Qualities: Cult and Community in Republican Rome* (Oxford, UK: Oxford University Press, 2007).
8. Anna Altman, "The Year of Hygge, the Danish Obsession with Getting Cozy," *New Yorker*, December 18, 2016.
9. Philip Brickman and Donald T. Campbell, "Hedonic Relativism and Planning the Good Society," in *Adaptation Level Theory*, ed. M. H. Appley (New York: Academic Press, 1971): 287–301.

10. Viktor E. Frankl, *Man's Search for Meaning* (Boston: Beacon Press, 1946), xvii.
11. Catherine J. Norris, Jackie Gollan, Gary G. Berntson, and John T. Cacioppo, "The Current Status of Research on the Structure of Evaluative Space," *Biological Psychology* 84, no. 3 (2010): 422–36.
12. Jordi Quoidbach, June Gruber, Moïra Mikolajczak, Alexsandr Kogan, Ilios Kotsou, and Michael I. Norton, "Emodiversity and the Emotional Ecosystem," *Journal of Experimental Psychology: General* 143, no. 6 (2014): 2057–66.
13. Richard J. Davidson, Alexander J. Shackman, and Jeffrey S. Maxwell, "Asymmetries in Face and Brain Related to Emotion," *Trends in Cognitive Sciences* 8, no. 9 (2004): 389–91.
14. Debra Trampe, Jordi Quoidbach, and Maxime Taquet, "Emotions in Everyday Life," *PLoS One* 10, no. 12 (2015): e0145450.
15. Daniel Kahneman, Alan B. Krueger, David A. Schkade, Norbert Schwarz, and Arthur A. Stone, "A Survey Method for Characterizing Daily Life Experience: The Day Reconstruction Method," *Science 306*, no. 5702 (2004): 1776–80.
16. David Watson, Lee Anna Clark, and Auke Tellegen, "Development and Validation of Brief Measures of Positive and Negative Affect: The PANAS Scales," *Journal of Personality and Social Psychology* 54, no. 6 (1988): 1063–70. Readers can take this test by going to www.authentichappiness.sas.upenn.edu/testcenter.
17. The averages are taken from the original research of Watson, Clark, and Tellegen (1988).
18. Kristen A. Lindquist, Ajay B. Satpute, Tor D. Wager, Jochen Weber, and Lisa Feldman Barrett, "The Brain Basis of Positive and Negative Affect: Evidence from a Meta-analysis of the Human Neuroimaging Literature," *Cerebral Cortex* 26, no. 5 (2016): 1910–22.
19. Paul Rozin and Edward B. Royzman, "Negativity Bias, Negativity Dominance, and Contagion," *Personality and Social Psychology Review* 5, no. 4 (2001): 296–320.
20. Emmy Gut, "Productive and Unproductive Depression: Interference in the Adaptive Function of the Basic Depressed Response," *British Journal of Psychotherapy* 2, no. 2 (1985): 95–113.

21. Neal J. Roese, Kai Epstude, Florian Fessel, Mike Morrison, Rachel Smallman, Amy Summerville, Adam D. Galinsky, and Suzanne Segerstrom, "Repetitive Regret, Depression, and Anxiety: Findings from a Nationally Representative Survey," *Journal of Social and Clinical Psychology* 28, no. 6 (2009): 671–88.
22. Melanie Greenberg, "The Psychology of Regret: Should We Really Aim to Live Our Lives with No Regrets?" *Psychology Today*, May 16, 2012.
23. Daniel H. Pink, *The Power of Regret: How Looking Backward Moves Us Forward* (New York: Penguin, 2022). 这句话来自作者的电子邮件。
24. John Keats, *The Letters of John Keats to His Family and Friends*, ed. Sidney Colvin (London: Macmillan and Co., 1925), published online by Project Gutenberg.
25. Karol Jan Borowiecki, "How Are You, My Dearest Mozart? Well-being and Creativity of Three Famous Composers Based on Their Letters," *Review of Economics and Statistics* 99, no. 4 (2017): 591–605.
26. Paul W. Andrews and J. Anderson Thomson Jr., "The Bright Side of Being Blue: Depression as an Adaptation for Analyzing Complex Problems," *Psychological Review* 116, no. 3 (2009): 620–54.
27. Shigehiro Oishi, Ed Diener, and Richard E. Lucas, "The Optimum Level of Well-being: Can People Be Too Happy?" in *The Science of Well-Being: The Collected Works of Ed Diener*, ed. Ed Diener (Heidelberg, London, and New York: Springer Dordrecht, 2009): 175–200.
28. June Gruber, Iris B. Mauss, and Maya Tamir, "A Dark Side of Happiness? How, When, and Why Happiness Is Not Always Good," *Per-spectives on Psychological Science* 6, no. 3 (2011): 222–33.

第二章 元认知的力量

这一章里的部分内容由以下文章中的一些观点和段落改编而来。
Arthur C. Brooks, "When You Can't Change the World, Change Your Feelings," How to Build a Life, *The Atlantic*, December 2, 2021; Arthur C. Brooks, "How to Stop Freaking Out," How to Build a Life, *The Atlantic*, April 28, 2022; Arthur C. Brooks, "How to Make the Baggage of Your Past Easier to Carry," How to Build a Life, *The Atlantic*, June 16, 2022.

1. "Viktor Emil Frankl," Viktor Frankl Institut, www.viktorfrankl.org/biography.html.

2. Antonio Semerari, Antonino Carcione, Giancarlo Dimaggio, Maurizio Falcone, Giuseppe Nicolò, Michele Procacci, and Giorgio Alleva, "How to Evaluate Metacognitive Functioning in Psychotherapy? The Metacognition Assessment Scale and Its Applications," *Clinical Psychology & Psychotherapy* 10, no. 4 (2003): 238–61.
3. Paul D. MacLean, T. J. Boag, and D. Campbell, *A Triune Concept of the Brain and Behaviour: Hincks Memorial Lectures* (Toronto: University of Toronto Press, 1973).
4. Patrick R. Steffen, Dawson Hedges, and Rebekka Matheson, "The Brain Is Adaptive Not Triune: How the Brain Responds to Threat, Challenge, and Change," *Frontiers in Psychiatry* 13 (2022).
5. Trevor Huff, Navid Mahabadi, and Prasanna Tadi, "Neuroanatomy, Visual Cortex," StatPearls (2022).
6. Joseph LeDoux and Nathaniel D. Daw, "Surviving Threats: Neural Circuit and Computational Implications of a New Taxonomy of Defensive Behaviour," *Nature Reviews Neuroscience* 19, no. 5 (2018): 269–82; "Understanding the Stress Response," Harvard Health Publishing, July 6, 2020; Sean M. Smith and Wylie W. Vale, "The Role of the Hypothalamic-Pituitary-Adrenal Axis in Neuroendocrine Responses to Stress," *Dialogues in Clinical Neuroscience* 8, no. 4 (2006): 383–95.
7. LeDoux and Daw, "Surviving Threats."
8. Carroll E. Izard, "Emotion Theory and Research: Highlights, Unanswered Questions, and Emerging Issues," *Annual Review of Psychology* 60 (2009): 1–25.
9. APA Dictionary of Psychology, s.v. "joy," American Psychological Association, accessed December 2, 2022, www.dictionary.apa.org/joy.
10. "From Thomas Jefferson to Thomas Jefferson Smith, 21 February 1825," Founders Online.
11. Jeffrey M. Osgood and Mark Muraven, "Does Counting to Ten Increase or Decrease Aggression? The Role of State Self-Control (EgoDepletion) and Consequences," *Journal of Applied Social Psychology* 46, no. 2 (2016): 105–13.
12. Boethius, *The Consolation of Philosophy*, trans. H. R. James (London: Elliot Stock, 1897), published online by Project Gutenberg.
13. Amy Loughman, "Ancient Stress Response vs Modern Life," Mind Body Microbiome, January 9, 2020.

14. Jeremy Sutton, "Maladaptive Coping: 15 Examples & How to Break the Cycle," PositivePsychology.com, October 28, 2020.
15. Philip Phillips, "Boethius," Oxford Bibliographies, last modified March 30, 2017.
16. Boethius, *Consolation of Philosophy*.
17. Ralph Waldo Emerson, "Self-Reliance," in *Essays: First Series* (Boston: J. Munroe and Company, 1841).
18. Daniel L. Schacter, Donna Rose Addis, and Randy L. Buckner, "Remembering the Past to Imagine the Future: The Prospective Brain," *Nature Reviews Neuroscience* 8, no. 9 (2007): 657–61.
19. Marcus Raichle, "The Brain's Default Mode Network," *Annual Review of Neuroscience* 38 (2015): 433–47.
20. Ulric Neisser and Nicole Harsch, "Phantom Flashbulbs: False Recollections of Hearing the News about Challenger," in *Affect and Accuracy in Recall: Studies of "Flashbulb" Memories*, ed. E. Winograd and U. Neisser (Cambridge, UK: Cambridge University Press, 1992).
21. Melissa Fay Greene, "You Won't Remember the Pandemic the Way You Think You Will," *The Atlantic*, May 2021; Alisha C. Holland and Elizabeth A. Kensinger, "Emotion and Autobiographical Memory," *Physics of Life Reviews* 7, no. 1 (2010): 88–131.
22. Linda J. Levine and David A. Pizarro, "Emotion and Memory Research: A Grumpy Overview," *Social Cognition* 22, no. 5 (2004): 530–54.
23. "Maha-satipatthana Sutta: The Great Frames of Reference," trans. Thanissaro Bhikkhu, Access to Insight, 2000.
24. James W. Pennebaker, *Opening Up: The Healing Power of Expressing Emotions* (New York: Guilford Press, 2012).
25. Dorit Alt and Nirit Raichel, "Reflective Journaling and Metacognitive Awareness: Insights from a Longitudinal Study in Higher Education," *Reflective Practice* 21, no. 2 (2020): 145–58.
26. Seth J. Gillihan, Jennifer Kessler, and Martha J. Farah, "Memories Affect Mood: Evidence from Covert Experimental Assignment to Positive, Neutral, and Negative Memory Recall," *Acta Psychologica* 125, no. 2 (2007): 144–54.
27. Nic M. Westrate and Judith Glück, "Hard-Earned Wisdom: Exploratory Processing of Difficult Life Experience Is Positively Associated with Wisdom," *Developmental Psychology* 53, no. 4 (2017): 800–14.

第三章　选择一种更好的情绪

这一章里的部分内容由以下文章中的一些观点和段落改编而来。

Arthur C. Brooks, "Don't Wish for Happiness. Work for It," How to Build a Life, *The Atlantic*, April 22, 2021; Arthur C. Brooks, "The Link between Happiness and a Sense of Humor," How to Build a Life, *The Atlantic*, August 12, 2021; Arthur C. Brooks, "The Difference between Hope and Optimism," How to Build a Life, *The Atlantic*, September 23, 2021; Arthur C. Brooks, "How to Be Thankful When You Don't Feel Thankful," How to Build a Life, *The Atlantic*, November 24, 2021; Arthur C. Brooks, "How to Stop Dating People Who Are Wrong for You," How to Build a Life, *The Atlantic*, June 23, 2022.

1. Diane C. Mitchell, Carol A. Knight, Jon Hockenberry, Robyn Teplansky, and Terryl J. Hartman, "Beverage Caffeine Intakes in the US," *Food and Chemical Toxicology* 63 (2014): 136–42.

2. Brian Fiani, Lawrence Zhu, Brian L. Musch, Sean Briceno, Ross Andel, Nasreen Sadeq, and Ali Z. Ansari, "The Neurophysiology of Caffeine as a Central Nervous System Stimulant and the Resultant Effects on Cognitive Function," *Cureus* 13, no. 5 (2021): e15032; Thomas V. Dunwiddie and Susan A. Masino, "The Role and Regulation of Adenosine in the Central Nervous System," *Annual Review of Neuroscience* 24, no. 1 (2001): 31–55; Leeana Aarthi Bagwath Persad, "Energy Drinks and the Neurophysiological Impact of Caffeine," *Frontiers in Neuroscience* 5 (2011): 116.

3. Paul Rozin and Edward B. Royzman, "Negativity Bias, Negativity Dominance, and Contagion," *Personality and Social Psychology Review* 5, no. 4 (2001): 296–320.

4. Charlotte vanOyen Witvliet, Fallon J. Richie, Lindsey M. Root Luna, and Daryl R. Van Tongeren, "Gratitude Predicts Hope and Happiness: A Two-Study Assessment of Traits and States," *Journal of Positive Psychology* 14, no. 3 (2019): 271–82.

5. Glenn R. Fox, Jonas Kaplan, Hanna Damasio, and Antonio Damasio, "Neural Correlates of Gratitude," *Frontiers in Psychology* 6 (2015): 1491; Kent C. Berridge and Morten L. Kringelbach, "Pleasure Systems in the Brain," *Neuron* 86, no. 3 (2015): 646–64.

6. Jane Taylor Wilson, "Brightening the Mind: The Impact of Practicing Gratitude on Focus and Resilience in Learning," *Journal of the Scholarship of Teaching and Learning* 16, no. 4 (2016): 1–13; Nathaniel M. Lambert

and Frank D. Fincham, "Expressing Gratitude to a Partner Leads to More Relationship Maintenance Behavior," *Emotion* 11, no. 1 (2011): 52–60; Sara B. Algoe, Barbara L. Fredrickson, and Shelly L. Gable, "The Social Functions of the Emotion of Gratitude Via Expression," *Emotion* 13, no. 4 (2013): 605–9; Maggie Stoeckel, Carol Weissbrod, and Anthony Ahrens, "The Adolescent Response to Parental Illness: The Influence of Dispositional Gratitude," *Journal of Child and Family Studies* 24, no. 5 (2014): 1501–9.

7. Anna L. Boggiss, Nathan S. Consedine, Jennifer M. Brenton-Peters, Paul L. Hofman, and Anna S. Serlachius, "A Systematic Review of Gratitude Interventions: Effects on Physical Health and Health Behaviors," *Journal of Psychosomatic Research* 135 (2020): 110165; Megan M. Fritz, Christina N. Armenta, Lisa C. Walsh, and Sonja Lyubomirsky, "Gratitude Facilitates Healthy Eating Behavior in Adolescents and Young Adults," *Journal of Experimental Social Psychology* 81 (2019): 4–14.

8. M. Tullius Cicero, *The Orations of Marcus Tullius Cicero*, trans. C. D. Yonge (London: George Bell & Sons, 1891).

9. David DeSteno, Monica Y. Bartlett, Jolie Baumann, Lisa A. Williams, and Leah Dickens, "Gratitude as Moral Sentiment: EmotionGuided Cooperation in Economic Exchange," *Emotion* 10, no. 2 (2010): 289–93; David DeSteno, Ye Li, Leah Dickens, and Jennifer S. Lerner, "Gratitude: A Tool for Reducing Economic Impatience," *Psychological Science* 25, no. 6 (2014): 1262–7; Jo-Ann Tsang, Thomas P. Carpenter, James A. Roberts, Michael B. Frisch, and Robert D. Carlisle, "Why Are Materialists Less Happy? The Role of Gratitude and Need Satisfaction in the Relationship between Materialism and Life Satisfaction," *Personality and Individual Differences* 64 (2014): 62–6.

10. Nathaniel M. Lambert, Frank D. Fincham, and Tyler F. Stillman, "Gratitude and Depressive Symptoms: The Role of Positive Reframing and Positive Emotion," *Cognition & Emotion* 26, no. 4 (2012): 615–33.

11. Kristin Layous and Sonja Lyubomirsky, "Benefits, Mechanisms, and New Directions for Teaching Gratitude to Children," *School Psychology Review* 43, no. 2 (2014): 153–9.

12. Nathaniel M. Lambert, Frank D. Fincham, Scott R. Braithwaite, Steven M. Graham, and Steven R. H. Beach, "Can Prayer Increase Gratitude?" *Psychology of Religion and Spirituality* 1, no. 3 (2009): 139–49.

13. Araceli Frias, Philip C. Watkins, Amy C. Webber, and Jeffrey J. Froh, "Death

and Gratitude: Death Reflection Enhances Gratitude," *Journal of Positive Psychology* 6, no. 2 (2011): 154–62.
14. Ru H. Dai, Hsueh-Chih Chen, Yu C. Chan, Ching-Lin Wu, Ping Li, Shu L. Cho, and Jon-Fan Hu, "To Resolve or Not to Resolve, That Is the Question: The Dual-Path Model of Incongruity Resolution and Absurd Verbal Humor by fMRI," *Frontiers in Psychology* 8(2017): 498; Takeshi Satow, Keiko Usui, Masao Matsuhashi, J. Yamamoto, Tahamina Begum, Hiroshi Shibasaki, A. Ikeda, N. Mikuni, S. Miyamoto, and Naoya Hashimoto, "Mirth and Laughter Arising from Human Temporal Cortex," *Journal of Neurology, Neuro-surgery & Psychiatry* 74, no. 7 (2003): 1004–5.
15. E. B. White and Katherine S. White, eds., *A Subtreasury of American Humor* (New York: Coward-McCann, 1941).
16. Mimi M. Y. Tse, Anna P. K. Lo, Tracy L. Y. Cheng, Eva K. K. Chan, Annie H. Y. Chan, and Helena S. W. Chung, "Humor Therapy: Relieving Chronic Pain and Enhancing Happiness for Older Adults," *Journal of Aging Research* 2010 (2010): 343574.
17. Kim R. Edwards and Rod A. Martin, "Humor Creation Ability and Mental Health: Are Funny People More Psychologically Healthy?" *Europe's Journal of Psychology* 6, no. 3 (2010): 196–212.
18. Victoria Ando, Gordon Claridge, and Ken Clark, "Psychotic Traits in Comedians," *British Journal of Psychiatry* 204, no. 5 (2014): 341–5.
19. Giovanni Boccaccio, *The Decameron of Giovanni Boccaccio*, trans. John Payne (New York: Walter J. Black), published online by Project Gutenberg.
20. John Morreall, "Religious Faith, Militarism, and Humorless-ness," *Europe's Journal of Psychology* 1, no. 3 (2005).
21. Ori Amir and Irving Biederman, "The Neural Correlates of Humor Creativity," *Frontiers in Human Neuroscience* 10 (2016): 597; Alan Feingold and Ronald Mazzella, "Psychometric Intelligence and Verbal Humor Ability," *Personality and Individual Differences* 12, no. 5 (1991): 427–35.
22. Edwards and Martin, "Humor Creation Ability."
23. David Hecht, "The Neural Basis of Optimism and Pessimism," *Experimental Neurobiology* 22, no. 3 (2013): 173–99.
24. 研究人员发现，乐观可能会进一步扭曲现实。Hecht, "Neural Basis of Optimism and Pessimism."
25. Jim Collins, *Good to Great: Why Some Companies Make the Leap . . . and*

Others Don't (New York: HarperBusiness, 2001), 85.
26. Fred B. Bryant and Jamie A. Cvengros, "Distinguishing Hope and Optimism: Two Sides of a Coin, or Two Separate Coins?" *Journal of Social and Clinical Psychology* 23, no. 2 (2004): 273–302.
27. Anthony Scioli, Christine M. Chamberlin, Cindi M. Samor, Anne B. Lapointe, Tamara L. Campbell, Alex R. Macleod, and Jennifer McLenon, "A Prospective Study of Hope, Optimism, and Health," *Psychological Reports* 81, no. 3 (1997): 723–33.
28. Rebecca J. Reichard, James B. Avey, Shane Lopez, and Maren Dollwet, "Having the Will and Finding the Way: A Review and Metaanalysis of Hope at Work," *Journal of Positive Psychology* 8, no. 4 (2013): 292–304.
29. Liz Day, Katie Hanson, John Maltby, Carmel Proctor, and Alex Wood, "Hope Uniquely Predicts Objective Academic Achievement above Intelligence, Personality, and Previous Academic Achievement," *Journal of Research in Personality* 44, no. 4 (2010): 550–3.
30. Stephen L. Stern, Rahul Dhanda, and Helen P. Hazuda, "Hopelessness Predicts Mortality in Older Mexican and European Americans," *Psychosomatic Medicine* 63, no. 3 (2001): 344–51.
31. Miriam A. Mosing, Brendan P. Zietsch, Sri N. Shekar, Margaret J. Wright, and Nicholas G. Martin, "Genetic and Environmental Influences on Optimism and Its Relationship to Mental and Self-Rated Health: A Study of Aging Twins," *Behavior Genetics* 39, no. 6 (2009): 597–604.
32. Dictionary.com, s.v. "empath," www.dictionary.com/browse/empath.
33. Psychiatric Medical Care Communications Team, "The Difference between Empathy and Sympathy," Psychiatric Medical Care.
34. Dana Brown, "The New Science of Empathy and Empaths (drjudith orloff.com)," *PACEsConnection* (blog), January 4, 2018; Ryszard Praszkier, "Empathy, Mirror Neurons and SYNC," *Mind & Society* 15, no. 1 (2016): 1–25.
35. Camille Fauchon, I. Faillenot, A. M. Perrin, C. Borg, Vincent Pichot, Florian Chouchou, Luis Garcia-Larrea, and Roland Peyron, "Does an Observer's Empathy Influence My Pain? Effect of Perceived Empathetic or Unempathetic Support on a Pain Test," *European Journal of Neuroscience* 46, no. 10 (2017): 2629–37.
36. Frans Derksen, Tim C. Olde Hartman, Annelies van Dijk, Annette Plouvier, Jozien Bensing, and Antoine Lagro-Janssen, "Consequences of the

Presence and Absence of Empathy during Consultations in Primary Care: A Focus Group Study with Patients," *Patient Education and Counseling* 100, no. 5 (2017): 987–93.

37. Olga M. Klimecki, Susanne Leiberg, Matthieu Ricard, and Tania Singer, "Differential Pattern of Functional Brain Plasticity after Compassion and Empathy Training," *Social Cognitive and Affective Neuroscience* 9, no. 6 (2014): 873–9.
38. Paul Bloom, *Against Empathy: The Case for Rational Compassion* (New York: Random House, 2017), 2.
39. Clara Strauss, Billie Lever Taylor, Jenny Gu, Willem Kuyken, Ruth Baer, Fergal Jones, and Kate Cavanagh, "What Is Compassion and How Can We Measure It? A Review of Definitions and Measures," *Clinical Psychology Review* 47 (2016): 15–27.
40. Klimecki et al., "Differential Pattern."
41. Yawei Cheng, Ching-Po Lin, Ho-Ling Liu, Yuan-Yu Hsu, Kun-Eng Lim, Daisy Hung, and Jean Decety, "Expertise Modulates the Perception of Pain in Others," *Current Biology* 17, no. 19 (2007): 1708–13.
42. Varun Warrier, Roberto Toro, Bhismadev Chakrabarti, Anders D. Børglum, Jakob Grove, David A. Hinds, Thomas Bourgeron, and Simon Baron-Cohen, "Genome-Wide Analyses of Self-Reported Empathy: Correlations with Autism, Schizophrenia, and Anorexia Nervosa," *Translational Psychiatry* 8, no. 1 (2018): 1–10; Aleksandr Kogan, Laura R. Saslow, Emily A. Impett, and Sarina Rodrigues Saturn, "Thin-Slicing Study of the Oxytocin Receptor (OXTR) Gene and the Evaluation and Expression of the Prosocial Disposition," *Proceedings of the National Academy of Sciences* 108, no. 48 (2011): 19189–92.
43. Hooria Jazaieri, Geshe Thupten Jinpa, Kelly McGonigal, Erika L. Rosenberg, Joel Finkelstein, Emiliana Simon-Thomas, Margaret Cullen, James R. Doty, James J. Gross, and Philippe R. Goldin, "Enhancing Compassion: A Randomized Controlled Trial of a Compassion Cultivation Training Program," *Journal of Happiness Studies* 14, no. 4 (2012): 1113–26.
44. Carrie Mok, Nirmal B. Shah, Stephen F. Goldberg, Amir C. Dayan, and Jaime L. Baratta, "Patient Perceptions and Expectations about Postoperative Analgesia" (presentation, Thomas Jefferson University Hospital, Philadelphia, 2018).

第四章　减少对自我的关注

这一章里的部分内容由以下文章中的一些观点和段落改编而来。

Arthur C. Brooks, "No One Cares," How to Build a Life, *The Atlantic*, November 11, 2021; Arthur C. Brooks, "Quit Lying to Yourself," How to Build a Life, *The Atlantic*, November 18, 2021; Arthur C. Brooks, "How to Stop Freaking Out," How to Build a Life, *The Atlantic*, April 28, 2022; Arthur C. Brooks, "Don't Surround Yourself with Admirers," How to Build a Life, *The Atlantic*, June 30, 2022; Arthur C. Brooks, "Honesty Is Love," How to Build a Life, *The Atlantic*, August 18, 2022; Arthur C. Brooks, "A Shortcut for Feeling Just a Little Happier," How to Build a Life, *The Atlantic*, August 25, 2022; Arthur C. Brooks, "Envy, the Happiness Killer," How to Build a Life, *The Atlantic*, October 20, 2022.

1. Adam Waytz and Wilhelm Hofmann, "Nudging the Better Angels of Our Nature: A Field Experiment on Morality and Well-being," *Emotion* 20, no. 5 (2020): 904–9.
2. William James, *The Principles of Psychology* (New York: H. Holt and Company, 1890).
3. Michael Dambrun, "Self-Centeredness and Selflessness: Happiness Correlates and Mediating Psychological Processes," *PeerJ* 5 (2017): e3306.
4. Olga Khazan, "The Self-Confidence Tipping Point," *The Atlantic*, October 11, 2019; Leon F. Seltzer, "Self-Absorption: The Root of All (Psychological) Evil?" *Psychology Today*, August 24, 2016.
5. Marius Golubickis and C. Neil Macrae, "Sticky Me: Self-Relevance Slows Reinforcement Learning," *Cognition* 227 (2022): 105207.
6. Daisetz Teitaro Suzuki, *An Introduction to Zen Buddhism* (New York: Grove Press, 1991), 64.
7. 这句话来自其中一位作者的电子邮件通信内容。
8. David Veale and Susan Riley, "Mirror, Mirror on the Wall, Who Is the Ugliest of Them All? The Psychopathology of Mirror Gazing in Body Dysmorphic Disorder," *Behaviour Research and Therapy* 39, no. 12 (2001): 1381–93.
9. 故事是这个健身模特告诉阿瑟的。
10. Dacher Keltner, "Why Do We Feel Awe?" *Greater Good Magazine*, May 10, 2016.
11. Michelle N. Shiota, Dacher Keltner, and Amanda Mossman, "The Nature of Awe: Elicitors, Appraisals, and Effects on Self-Concept," *Cognition and*

Emotion 21, no. 5 (2007): 944–63.
12. Wanshi Shôgaku, *Shôyôroku (Book of Equanimity): Introductions, Cases, Verses Selection of 100 Cases with Verses*, trans. Sanbô Kyôdan Society (2014).
13. Matthew 7:1, NIV.
14. Marcus Aurelius, *Meditations: A New Translation* (London: Random House UK, 2002), 162.
15. Richard Foley, *Intellectual Trust in Oneself and Others* (Cambridge, UK: Cambridge University Press, 2001).
16. Matthew D. Lieberman and Naomi I. Eisenberger, "The Dorsal Anterior Cingulate Cortex Is Selective for Pain: Results from Large-Scale Reverse Inference," *Proceedings of the National Academy of Sciences* 112, no. 49 (2015): 15250–5; Ruohe Zhao, Hang Zhou, Lianyan Huang, Zhongcong Xie, Jing Wang, Wen-Biao Gan, and Guang Yang, "Neuropathic Pain Causes Pyramidal Neuronal Hyperactivity in the Anterior Cingulate Cortex," *Frontiers in Cellular Neuroscience* 12 (2018): 107.
17. C. Nathan DeWall, Geoff MacDonald, Gregory D. Webster, Carrie L. Masten, Roy F. Baumeister, Caitlin Powell, David Combs, David R. Schurtz, Tyler F. Stillman, Dianne M. Tice, Naomi I. Eisenberger, "Acetaminophen Reduces Social Pain: Behavioral and Neural Evidence," *Psychological Science* 21, no. 7 (2010): 931–7.
18. "Allodoxaphobia (a Complete Guide)," OptimistMinds, last modified February 3, 2023.
19. APA Dictionary of Psychology, s.v. "behavioral inhibition system," American Psychological Association, www.dictionary.apa.org/behavioral-inhibition-system; Marion R. M. Scholten et al., "Behavioral Inhibition System (BIS), Behavioral Activation System (BAS) and Schizophrenia: Relationship with Psychopathology and Physiology," *Journal of Psychiatric Research* 40, no. 7 (2006): 638–45.
20. Kees van den Bos, "Meaning Making Following Activation of the Behavioral Inhibition System: How Caring Less about What Others Think May Help Us to Make Sense of What Is Going On," in *The Psychology of Meaning,* ed. K. D. Markman, T. Proulx, and M. J. Lindberg (Washington, DC: American Psychological Association, 2013), 359–80.
21. Annette Kämmerer, "The Scientific Underpinnings and Impacts of

Shame," *Scientific American,* August 9, 2019; Jay Boll, "Shame: The Other Emotion in Depression & Anxiety," Hope to Cope, March 8, 2021.
22. Lao Tzu, *Tao Te Ching: A New English Version*, trans. Stephen Mitchell (New York: Harper Perennial, 1992), poem 9.
23. 毫无疑问，你会停止关心别人在想什么，它会给你带来痛苦。但问题是，就像身体和情感上的常规性疼痛一样，完全抹去它又会很糟糕，那将是不正常和危险的；这种倾向可能导致心理学家所说的傲慢综合征，甚至可能是反社会人格障碍的证据。请参照以下文章：David Owen and Jonathan Davidson, "Hubris Syndrome: An Acquired Personality Disorder? A Study of US Presidents and UK Prime Ministers over the Last 100 Years," *Brain* 132, no. 5 (2009): 1396–406; Robert J. Blair, "The Amygdala and Ventromedial Prefrontal Cortex in Morality and Psychopathy," *Trends in Cognitive Sciences* 11, no. 9 (2007): 387–92.
24. Kenneth Savitsky, Nicholas Epley, and Thomas Gilovich, "Do Others Judge Us as Harshly as We Think? Overestimating the Impact of Our Failures, Shortcomings, and Mishaps," *Journal of Personality and Social Psychology* 81, no. 1 (2001): 44–56.
25. Dante Alighieri, *The Divine Comedy*, trans. Henry Wadsworth Longfellow (Boston: 1867), published online by Project Gutenberg.
26. Joseph Epstein, *Envy: The Seven Deadly Sins*, vol. 1 (Oxford, UK: Oxford University Press, 2003), 1.
27. Jan Crusius, Manuel F. Gonzalez, Jens Lange, and Yochi Cohen-Charash, "Envy: An Adversarial Review and Comparison of Two Competing Views," *Emotion Review* 12, no. 1 (2020): 3–21.
28. Henrietta Bolló, Dzsenifer Roxána Háger, Manuel Galvan, and Gábor Orosz, "The Role of Subjective and Objective Social Status in the Generation of Envy," *Frontiers in Psychology* 11 (2020): 513495.
29. Hidehiko Takahashi, Motoichiro Kato, Masato Matsuura, Dean Mobbs, Tetsuya Suhara, and Yoshiro Okubo, "When Your Gain Is My Pain and Your Pain Is My Gain: Neural Correlates of Envy and Schadenfreude," *Science* 323, no. 5916 (2009): 937–9.
30. Redzo Mujcic and Andrew J. Oswald, "Is Envy Harmful to a Society's Psychological Health and Wellbeing? A Longitudinal Study of 18,000 Adults," *Social Science & Medicine* 198 (2018): 103–11.
31. Nicole E. Henniger and Christine R. Harris, "Envy across Adulthood: The

What and the Who," *Basic and Applied Social Psychology* 37, no. 6 (2015): 303–18.
32. Edson C. Tandoc Jr., Patrick Ferrucci, and Margaret Duffy, "Facebook Use, Envy, and Depression among College Students: Is Facebooking Depressing?" *Computers in Human Behavior* 43 (2015): 139–46.
33. Philippe Verduyn, David Seungjae Lee, Jiyoung Park, Holly Shablack, Ariana Orvell, Joseph Bayer, Oscar Ybarra, John Jonides,and Ethan Kross, "Passive Facebook Usage Undermines Affective Well-being: Experimental and Longitudinal Evidence," *Journal of Experimental Psychology: General* 144, no. 2 (2015): 480–8.
34. Cosimo de' Medici, Piero de' Medici, and Lorenzo de' Medici, *Lives of the Early Medici: As Told in Their Correspondence* (Boston: R. G. Badger, 1911).
35. Ed O' Brien, Alexander C. Kristal, Phoebe C. Ellsworth, and Norbert Schwarz, "(Mis)imagining the Good Life and the Bad Life: Envy and Pity as a Function of the Focusing Illusion," *Journal of Experimental Social Psychology* 75 (2018): 41–53.
36. Alexandra Samuel, "What to Do When Social Media Inspires Envy," *JSTOR Daily,* February 6, 2018.
37. Alison Wood Brooks, Karen Huang, Nicole Abi-Esber, Ryan W. Buell, Laura Huang, and Brian Hall, "Mitigating Malicious Envy: Why Successful Individuals Should Reveal Their Failures," *Journal of Experimental Psychology: General* 148, no. 4 (2019): 667–87.
38. Ovul Sezer, Francesca Gino, and Michael I. Norton, "Humblebragging: A Distinct—and Ineffective—Self-Presentation Strategy," *Journal of Personality and Social Psychology* 114, no. 1 (2018): 52–74.

第五章 建立不完美的家庭
这一章里的部分内容由以下文章中的一些观点和段落改编而来。
Arthur C. Brooks, "Love Is Medicine for Fear," How to Build a Life, *The Atlantic*, July 16, 2020; Arthur C. Brooks, "There Are Two Kinds of Happy People," How to Build a Life, *The Atlantic*, January 28, 2021; Arthur C. Brooks, "Don' t Wish for Happiness. Work for It," How to Build a Life, *The Atlantic*, April 22, 2021; Arthur C. Brooks, "How Adult Children Affect Their Mother' s Happiness," How to Build a Life, *The Atlantic*, May 6, 2021; Arthur C. Brooks, "Dads Just Want to Help," How to Build a Life, *The Atlantic*, June 17, 2021; Arthur C. Brooks,

"Those Who Share a Roof Share Emotions," How to Build a Life, *The Atlantic*, July 22, 2021; Arthur C. Brooks, "Fake Forgiveness Is Toxic for Relationships," How to Build a Life, *The Atlantic*, August 19, 2021; Arthur C. Brooks, "Quit Lying to Yourself," How to Build a Life, *The Atlantic*, November 18, 2021; Arthur C. Brooks, "The Common Dating Strategy That's Totally Wrong," How to Build a Life, *The Atlantic*, February 10, 2022; Arthur C. Brooks, "The Key to a Good Parent-Child Relationship? Low Expectations," How to Build a Life, *The Atlantic*, May 12, 2022; Arthur C. Brooks, "Honesty Is Love," How to Build a Life, *The Atlantic*, August 18, 2022.

1. Laura Silver, Patrick van Kessel, Christine Huang, Laura Clancy, and Sneha Gubbala, "What Makes Life Meaningful? Views from 17 Advanced Economies," Pew Research Center, November 18, 2021.
2. Christian Grevin, "The Chapman University Survey of American Fears, Wave 9" (Orange, CA: Earl Babbie Research Center, Chapman University, 2022).
3. Merril Silverstein and Roseann Giarrusso, "Aging and Family Life: A Decade Review," *Journal of Marriage and Family* 72, no. 5 (2010): 1039–58.
4. Leo Tolstoy, *Anna Karenina*, trans. Constance Garnett (1901), published online by Project Gutenberg.
5. Adam Shapiro, "Revisiting the Generation Gap: Exploring the Relationships of Parent/Adult-Child Dyads," *International Journal of Aging and Human Development* 58, no. 2 (2004): 127–46.
6. Shapiro, "Revisiting the Generation Gap."
7. Joshua Coleman, "A Shift in American Family Values Is Fueling Estrangement," *The Atlantic*, January 10, 2021; Megan Gilligan, J. Jill Suitor, and Karl Pillemer, "Estrangement between Mothers and Adult Children: The Role of Norms and Values," *Journal of Marriage and Family* 77, no. 4 (2015): 908–20.
8. Kira S. Birditt, Laura M. Miller, Karen L. Fingerman, and Eva S. Lefkowitz, "Tensions in the Parent and Adult Child Relationship: Links to Solidarity and Ambivalence," *Psychology and Aging* 24, no. 2 (2009): 287–95.
9. Chris Segrin, Alesia Woszidlo, Michelle Givertz, Amy Bauer, and Melissa Taylor Murphy, "The Association between Overparenting, Parent-Child Communication, and Entitlement and Adaptive Traits in Adult Children," *Family Relations* 61, no. 2 (2012): 237–52.
10. Rhaina Cohen, "The Secret to a Fight-Free Relationship," *The Atlantic*,

September 13, 2021.
11. Shapiro, "Revisiting the Generation Gap."
12. Kira S. Birditt, Karen L. Fingerman, Eva S. Lefkowitz, and Claire M. Kamp Dush, "Parents Perceived as Peers: Filial Maturity in Adulthood," *Journal of Adult Development* 15, no. 1 (2008): 1–12.
13. Ashley Fetters and Kaitlyn Tiffany, "The 'Dating Market' Is Getting Worse," *The Atlantic*, February 25, 2020.
14. Anna Brown, "Nearly Half of U.S. Adults Say Dating Has Gotten Harder for Most People in the Last 10 Years," Pew Research Center, August 20, 2020.
15. Michael Davern, Rene Bautista, Jeremy Freese, Stephen L. Morgan, and Tom W. Smith, General Social Surveys, 1972–2021 Cross-section, NORC, University of Chicago, gssdataexplorer.norc.org.
16. Christopher Ingraham, "The Share of Americans Not Having Sex Has Reached a Record High," *Washington Post*, March 29, 2019; Kate Julian, "Why Are Young People Having So Little Sex?" *The Atlantic*, December 15, 2018.
17. Gregory A. Huber and Neil Malhotra, "Political Homophily in Social Relationships: Evidence from Online Dating Behavior," *Journal of Politics* 79, no. 1 (2017): 269–83.
18. Cat Hofacker, "OkCupid: Millennials Say Personal Politics Can Make or Break a Relationship," *USA Today*, October 16, 2018.
19. Neal Rothschild, "Young Dems More Likely to Despise the Other Party," *Axios*, December 7, 2021.
20. "Is Education Doing Favors for Your Dating Life?" *GCU Experience* (blog), Grand Canyon University, June 22, 2021.
21. Robert F. Winch, "The Theory of Complementary Needs in Mate-Selection: A Test of One Kind of Complementariness," *American Sociological Review* 20, no. 1 (1955): 52–6.
22. Pamela Sadler and Erik Woody, "Is Who You Are Who You're Talking To? Interpersonal Style and Complementarity in Mixed-Sex Interactions," *Journal of Personality and Social Psychology* 84, no. 1 (2003): 80–96.
23. Aurelio José Figueredo, Jon Adam Sefcek, and Daniel Nelson Jones, "The Ideal Romantic Partner Personality," *Personality and Individual Differences* 41, no. 3 (2006): 431–41.
24. Marc Spehr, Kevin R. Kelliher, Xiao-Hong Li, Thomas Boehm, Trese Leinders-Zufall, and Frank Zufall, "Essential Role of the Main Olfactory

System in Social Recognition of Major Histocompatibility Complex Peptide Ligands," *Journal of Neuroscience* 26, no. 7 (2006): 1961–70.
25. Claus Wedekind, Thomas Seebeck, Florence Bettens, and Alexander J. Paepke, "MHC-Dependent Mate Preferences in Humans," *Proceedings of the Royal Society B: Biological Sciences* 260, no. 1359 (1995): 245–9.
26. Pablo Sandro Carvalho Santos, Juliano Augusto Schinemann, Juarez Gabardo, and Maria da Graça Bicalho, "New Evidence That the MHC Influences Odor Perception in Humans: A Study with 58 Southern Brazilian Students," *Hormones and Behavior* 47, no. 4 (2005): 384–8.
27. Michael J. Rosenfeld, Reuben J. Thomas, and Sonia Hausen, "Disintermediating Your Friends: How Online Dating in the United States Displaces Other Ways of Meeting," *Proceedings of the National Academy of Sciences* 116, no. 36 (2019): 17753–8.
28. Jon Levy, Devin Markell, and Moran Cerf, "Polar Similars: Using Massive Mobile Dating Data to Predict Synchronization and Similarity in Dating Preferences," *Frontiers in Psychology* 10 (2019): 2010.
29. C. Price, "43% of Americans Have Gone on a Blind Date," Dating-Advice.com, August 6, 2022.
30. Elaine Hatfield, John T. Cacioppo, and Richard L. Rapson, "Emotional Contagion," *Current Directions in Psychological Science* 2, no. 3 (1993): 96–9.
31. James H. Fowler and Nicholas A. Christakis, "Dynamic Spread of Happiness in a Large Social Network: Longitudinal Analysis over 20 Years in the Framingham Heart Study," *BMJ* 337 (2008): a2338.
32. Alison L. Hill, David G. Rand, Martin A. Nowak, and Nicholas A. Christakis, "Emotions as Infectious Diseases in a Large Social Network: The SISa Model," *Proceedings of the Royal Society B: Biological Sciences* 277, no. 1701 (2010): 3827–35.
33. Elaine Hatfield, Lisamarie Bensman, Paul D. Thornton, and Richard L. Rapson, "New Perspectives on Emotional Contagion: A Review of Classic and Recent Research on Facial Mimicry and Contagion," *Interpersona: An International Journal on Personal Relationships* 8, no. 2 (2014): 159–79.
34. Bruno Wicker, Christian Keysers, Jane Plailly, Jean-Pierre Royet, Vittorio Gallese, and Giacomo Rizzolatti, "Both of Us Disgusted in My Insula: The Common Neural Basis of Seeing and Feeling Disgust," *Neuron* 40, no. 3 (2003): 655–64.

35. India Morrison, Donna Lloyd, Giuseppe Di Pellegrino, and Neil Roberts, "Vicarious Responses to Pain in Anterior Cingulate Cortex: Is Empathy a Multisensory Issue?" *Cognitive, Affective, & Behavioral Neuroscience* 4, no. 2 (2004): 270–8.
36. Mary J. Howes, Jack E. Hokanson, and David A. Loewenstein, "Induction of Depressive Affect after Prolonged Exposure to a Mildly Depressed Individual," *Journal of Personality and Social Psychology* 49, no. 4 (1985): 1110–3.
37. Robert J. Littman and Maxwell L. Littman, "Galen and the Antonine Plague," *American Journal of Philology* 94, no. 3 (1973): 243–55.
38. Cassius Dio, "Book of Roman History," in *Loeb Classical* Library 9, trans. Earnest Cary and Herbert Baldwin Faoster (Cambridge, MA: Harvard University Press, 1925), 100–101.
39. Marcus Aurelius, "Marcus Aurelius," in *Loeb Classical Library* 58, ed. and trans. C. R. Haines (Cambridge, MA: Harvard University Press, 1916), 234–35.
40. Courtney Waite Miller and Michael E. Roloff, "When Hurt Continues: Taking Conflict Personally Leads to Rumination, Residual Hurt and Negative Motivations toward Someone Who Hurt Us," *Communication Quarterly* 62, no. 2 (2014): 193–213.
41. Denise C. Marigold, Justin V. Cavallo, John G. Holmes, and Joanne V. Wood, "You Can't Always Give What You Want: The Challenge of Providing Social Support to Low Self-Esteem Individuals," *Journal of Personality and Social Psychology* 107, no. 1 (2014): 56–80.
42. Hao Shen, Aparna Labroo, and Robert S. Wyer Jr., "So Difficult to Smile: Why Unhappy People Avoid Enjoyable Activities," *Journal of Personality and Social Psychology* 119, no. 1 (2020): 23.
43. Robert M. Pirsig, *Zen and the Art of Motorcycle Maintenance: An Inquiry into Values* (New York: Random House, 1999).
44. Pavica Sheldon and Mary Grace Antony, "Forgive and Forget: A Typology of Transgressions and Forgiveness Strategies in Married and Dating Relationships," *Western Journal of Communication* 83, no. 2 (2019): 232–51.
45. Vincent R. Waldron and Douglas L. Kelley, "Forgiving Communication as a Response to Relational Transgressions," *Journal of Social and Personal Relationships* 22, no. 6 (2005): 723–42.

46. Sheldon and Antony, "Forgive and Forget."
47. Buddhaghosa Himi, *Visuddhimagga: The Path of Purification*, trans. Bhikkhu Ñāamoli (Sri Lanka: Buddhist Publication Society, 2010), 297.
48. Everett L. Worthington Jr., Charlotte Van Oyen Witvliet, Pietro Pietrini, and Andrea J. Miller, "Forgiveness, Health, and Well-being: A Review of Evidence for Emotional versus Decisional Forgiveness, Dispositional Forgivingness, and Reduced Unforgiveness," *Journal of Behavioral Medicine* 30, no. 4 (2007): 291–302.
49. Brad Blanton, *Radical Honesty* (New York: Random House, 1996).
50. Edel Ennis, Aldert Vrij, and Claire Chance, "Individual Differences and Lying in Everyday Life," *Journal of Social and Personal Relationships* 25, no. 1 (2008): 105–18.
51. Leon F. Seltzer, "The Narcissist's Dilemma: They Can Dish It Out, but . . ." *Psychology Today*, October 12, 2011.

第六章 寻找真正的友谊

这一章里的部分内容由以下文章和播客中的一些观点及段落改编而来。
Arthur C. Brooks, "Sedentary Pandemic Life Is Bad for Our Happiness," How to Build a Life, *The Atlantic*, November 19, 2020; Arthur C. Brooks, "The Type of Love That Makes People Happiest," How to Build a Life, *The Atlantic*, February 11, 2021; Arthur C. Brooks, "The Hidden Toll of Remote Work," How to Build a Life, *The Atlantic*, April 1, 2021; Arthur C. Brooks, "The Best Friends Can Do Nothing for You," How to Build a Life, *The Atlantic*, April 8, 2021; Arthur C. Brooks, "What Introverts and Extroverts Can Learn from Each Other," How to Build a Life, *The Atlantic*, May 20, 2021; Arthur C. Brooks, "Which Pet Will Make You Happiest?" How to Build a Life, *The Atlantic,* August 5, 2021; Arthur C. Brooks, "Stop Waiting for Your Soul Mate," How to Build a Life, *The Atlantic*, September 9, 2021; Arthur C. Brooks, "Don't Surround Yourself with Admirers," How to Build a Life, *The Atlantic*, June 30, 2022; Arthur C. Brooks, "Technology Can Make Your Relationships Shallower," How to Build a Life, *The Atlantic*, September 29, 2022; Arthur C. Brooks, "Marriage Is a Team Sport," How to Build a Life, *The Atlantic*, November 10, 2022; Arthur C. Brooks, "How We Learned to Be Lonely," How to Build a Life, *The Atlantic,* January 5, 2023; Arthur Brooks, "Love in the Time of Corona," *The Art of Happiness with Arthur Brooks*, podcast audio, 39:24,

April 13, 2020.
1. Edgar Allan Poe, *The Complete Poetical Works of Edgar Allan Poe Including Essays on Poetry*, ed. John Henry Ingram (New York: A. L. Burt), published online by Project Gutenberg.
2. Ludwig, "Death of Edgar A Poe," *Richmond Enquirer*, October 16, 1849.
3. Edgar Allan Poe and Eugene Lemoine Didier, *Life and Poems* (New York: W. J. Widdleton, 1879), 101.
4. Melıkşah Demır, Ayça Özen, Aysun Doğan, Nicholas A. Bilyk, and Fanita A. Tyrell, "I Matter to My Friend, Therefore I Am Happy: Friendship, Mattering, and Happiness," *Journal of Happiness Studies* 12, no. 6 (2011): 983–1005.
5. Melıkşah Demır, and Lesley A. Weitekamp, "I Am So Happy' Cause Today I Found My Friend: Friendship and Personality as Predictors of Happiness," *Journal of Happiness Studies* 8, no. 2 (2007): 181–211.
6. Daniel A. Cox, "The State of American Friendship: Change, Challenges, and Loss," Survey Center on American Life, June 8, 2021.
7. Cox, "State of American Friendship."
8. John Whitesides, "From Disputes to a Breakup: Wounds Still Raw after U.S. Election," Reuters, February 7, 2017.
9. KFF, "As the COVID-19 Pandemic Enters the Third Year Most Adults Say They Have Not Fully Returned to Pre-Pandemic 'Normal,'" news release, April 6, 2022.
10. Maddie Sharpe and Alison Spencer, "Many Americans Say They Have Shifted Their Priorities around Health and Social Activities during COVID-19," Pew Research Center, August 18, 2022.
11. Sarah Davis, "59% of U.S. Adults Find It Harder to Form Relationships since COVID-19, Survey Reveals—Here's How That Can Harm Your Health," *Forbes*, July 12, 2022.
12. Lewis R. Goldberg, "The Development of Markers for the Big-Five Factor Structure," *Psychological Assessment* 4, no. 1 (1992): 26–42.
13. C. G. Jung, *Psychologische Typen* (Zurich: Rascher & Cie., 1921).
14. Hans Jurgen Eysenck, "Intelligence Assessment: A Theoretical and Experimental Approach," in *The Measurement of Intelligence* (Heidelberg, London, and New York: Springer Dordrecht, 1973), 194–211.
15. Rachel L. C. Mitchell and Veena Kumari, "Hans Eysenck's Interface between the Brain and Personality: Modern Evidence on the Cognitive

Neuroscience of Personality," *Personality and Individual Differences* 103 (2016): 74–81.
16. Mats B. Küssner, "Eysenck's Theory of Personality and the Role of Background Music in Cognitive Task Performance: A Mini-Review of Conflicting Findings and a New Perspective," *Frontiers in Psychology* 8 (2017): 1991.
17. Peter Hills and Michael Argyle, "Happiness, Introversion–Extraversion and Happy Introverts," *Personality and Individual Differences* 30, no. 4 (2001): 595–608.
18. Ralph R. Greenson, "On Enthusiasm," *Journal of the American Psychoanalytic Association* 10, no. 1 (1962): 3–21.
19. Barry M. Staw, "The Escalation of Commitment to a Course of Action," *Academy of Management Review* 6, no. 4 (1981): 577–87.
20. Daniel C. Feiler and Adam M. Kleinbaum, "Popularity, Similarity, and the Network Extraversion Bias," *Psychological Science* 26, no. 5 (2015): 593–603.
21. Yehudi A. Cohen, "Patterns of Friendship," in *Social Structure and Personality: A Casebook* (New York: Holt, Rinehart and Winston, 1961), 351–86.
22. OnePoll, "Evite: Difficulty Making Friends," 72Point, May 2019.
23. Yixin Chen and Thomas Hugh Feeley, "Social Support, Social Strain, Loneliness, and Well-being among Older Adults: An Analysis of the Health and Retirement Study," *Journal of Social and Personal Relationships* 31, no. 2 (2014): 141–61.
24. Laura L. Carstensen, Derek M. Isaacowitz, and Susan T. Charles, "Taking Time Seriously: A Theory of Socioemotional Selectivity," *American Psychologist* 54, no. 3 (1999): 165–81.
25. Aristotle, *Nicomachean Ethics* VIII (London: Kegan Paul, Trench, Trübner, and Company, 1893), 1, 3.
26. Michael E. Porter and Nitin Nohria, "How CEOs Manage Time," *Harvard Business Review*, July–August 2018.
27. Derek Thompson, "Workism Is Making Americans Miserable," *The Atlantic*, February 24, 2019.
28. Galatians 4:9, NIV; Yair Kramer, "Transformational Moments in Group Psychotherapy" (PhD diss., Rutgers University Graduate School of Applied and Professional Psychology, 2012).

29. "Magandiya Sutta: To Magandiya," trans. Thanissaro Bhikkhu, Access to Insight, November 30, 2013.
30. Thích Nhất Hạnh, *Being Peace* (Berkeley, CA: Parallax Press, 2020), 91.
31. Neal Krause, Kenneth I. Pargament, Peter C. Hill, and Gail Ironson, "Humility, Stressful Life Events, and Psychological Well-being: Findings from the Landmark Spirituality and Health Survey," *Journal of Positive Psychology* 11, no. 5 (2016): 499–510.
32. Philip Schaff and Henry Wace, eds., *Nicene and Post-Nicene Fathers: Basil: Letters and Select Works*, vol. 8 (Peabody, MA: Hendrickson, 1995), 446.
33. Adam K. Fetterman and Kai Sassenberg, "The Reputational Consequences of Failed Replications and Wrongness Admission among Scientists," *PLoS One* 10, no. 12 (2015): e0143723.
34. "Doris Kearns Goodwin on Lincoln and His 'Team of Rivals,'" interview by Dave Davies, *Fresh Air*, NPR, November 8, 2005.
35. Brian J. Fogg, *Tiny Habits: The Small Changes That Change Everything* (Boston: Houghton Mifflin Harcourt, 2020).
36. Paul Samuelson and William Nordhaus, *Economics*, 19th ed. (New York: McGraw Hill, 2010), l.
37. Zhiling Zou, Hongwen Song, Yuting Zhang, and Xiaochu Zhang, "Romantic Love vs. Drug Addiction May Inspire a New Treatment for Addiction," *Frontiers in Psychology* 7 (2016): 1436.
38. Helen E. Fisher, Arthur Aron, and Lucy L. Brown, "Romantic Love: A Mammalian Brain System for Mate Choice," *Philosophical Transactions of the Royal Society B: Biological Sciences* 361, no. 1476 (2006): 2173–86.
39. Antina de Boer, Erin M. van Buel, and G. J. Ter Horst, "Love Is More Than Just a Kiss: A Neurobiological Perspective on Love and Affection," *Neuroscience* 201 (2012): 114–24.
40. Katherine Wu, "Love, Actually: The Science behind Lust, Attraction, and Companionship," *Science in the News* (blog), Harvard University: The Graduate School of Arts and Sciences, February 14, 2017.
41. "Harvard Study of Adult Development," Massachusetts General Hospital and Harvard Medical School, www.adultdevelopmentstudy.org.
42. Roberts J. Waldinger and Marc S. Schulz, "What's Love Got to Do with It? Social Functioning, Perceived Health, and Daily Happiness in Married Octogenarians," *Psychology and Aging* 25, no. 2 (2010): 422–31.

43. Jungsik Kim and Elaine Hatfield, "Love Types and Subjective Wellbeing: A Cross-Cultural Study," *Social Behavior and Personality: An International Journal* 32, no. 2 (2004): 173–82.
44. Kevin A. Johnson, "Unrealistic Portrayals of Sex, Love, and Romance in Popular Wedding Films," in *Critical Thinking about Sex, Love, and Romance in the Mass Media*, ed. Mary-Lou Galician and Debra L. Merskin (Oxford, UK: Routledge, 2007), 306.
45. Litsa Renée Tanner, Shelley A. Haddock, Toni Schindler Zimmerman, and Lori K. Lund, "Images of Couples and Families in Disney Feature-Length Animated Films," *American Journal of Family Therapy* 31, no. 5 (2003): 355–73.
46. Chris Segrin and Robin L. Nabi, "Does Television Viewing Cultivate Unrealistic Expectations about Marriage?" *Journal of Communication* 52, no. 2 (2002): 247–63.
47. Karolien Driesmans, Laura Vandenbosch, and Steven Eggermont, "True Love Lasts Forever: The Influence of a Popular Teenage Movie on Belgian Girls' Romantic Beliefs," *Journal of Children and Media* 10, no. 3 (2016): 304–20.
48. Florian Zsok, Matthias Haucke, Cornelia Y. De Wit, and Dick PH Barelds, "What Kind of Love Is Love at First Sight? An Empirical Investigation," *Personal Relationships* 24, no. 4 (2017): 869–85.
49. Bjarne M. Holmes, "In Search of My 'One and Only' : RomanceOriented Media and Beliefs in Romantic Relationship Destiny," *Electronic Journal of Communication* 17, no. 3 (2007): 1–23.
50. Benjamin H. Seider, Gilad Hirschberger, Kristin L. Nelson, and Robert W. Levenson, "We Can Work It Out: Age Differences in Relational Pronouns, Physiology, and Behavior in Marital Conflict," *Psychology and Aging* 24, no. 3 (2009): 604–13.
51. Joe J. Gladstone, Emily N. Garbinsky, and Cassie Mogilner, "Pooling Finances and Relationship Satisfaction," *Journal of Personality and Social Psychology* 123, no. 6 (2022): 1293–314; Joe Pinsker, "Should Couples Merge Their Finances?" *The Atlantic*, April 20, 2022.
52. Emily N. Garbinsky and Joe J. Gladstone, "The Consumption Consequences of Couples Pooling Finances," *Journal of Consumer Psychology* 29, no. 3 (2019): 353–69.

53. Laura K. Guerrero, "Conflict Style Associations with Cooperativeness, Directness, and Relational Satisfaction: A Case for a Six-Style Typology," *Negotiation and Conflict Management Research* 13, no. 1 (2020): 24–43.
54. Rhaina Cohen, "The Secret to a Fight-Free Relationship," *The Atlantic*, September 13, 2021.
55. David G. Blanchflower and Andrew J. Oswald, "Money, Sex and Happiness: An Empirical Study," *Scandinavian Journal of Economics* 106, no. 3 (2004): 393–415.
56. Kira S. Birditt and Toni C. Antonucci, "Relationship Quality Profiles and Well-being among Married Adults," *Journal of Family Psychology* 21, no. 4 (2007): 595–604.
57. World Bank, "Internet Users for the United States (ITNETUSERP2USA)," Federal Reserve Bank of St. Louis.
58. Robert Kraut, Michael Patterson, Vicki Lundmark, Sara Kiesler, Tridas Mukophadhyay, and William Scherlis, "Internet Paradox: A Social Technology That Reduces Social Involvement and Psychological Well-being?" *American Psychologist* 53, no. 9 (1998): 1017–31.
59. Minh Hao Nguyen, Minh Hao, Jonathan Gruber, Will Marler, Amanda Hunsaker, Jaelle Fuchs, and Eszter Hargittai, "Staying Connected While Physically Apart: Digital Communication When Face-to-Face Interactions Are Limited," *New Media & Society* 24, no. 9 (2022): 2046–67.
60. Martha Newson, Yi Zhao, Marwa El Zein, Justin Sulik, Guillaume Dezecache, Ophelia Deroy, and Bahar Tunçgenç, "Digital Contact Does Not Promote Wellbeing, but Face-to-Face Contact Does: A Cross-National Survey during the COVID-19 Pandemic," *New Media & Society* (2021).
61. Michael Kardas, Amit Kumar, and Nicholas Epley, "Overly Shallow? Miscalibrated Expectations Create a Barrier to Deeper Conversation," *Journal of Personality and Social Psychology* 122, no. 3 (2022): 367–98.
62. Sarah M. Coyne, Laura M. Padilla-Walker, and Hailey G. Holmgren, "A Six-Year Longitudinal Study of Texting Trajectories during Adolescence," *Child Development* 89, no. 1 (2018): 58–65.
63. Katherine Schaeffer, "Most U.S. Teens Who Use Cellphones Do It to Pass Time, Connect with Others, Learn New Things," Pew Research Center, August 23, 2019; Bethany L. Blair, Anne C. Fletcher, and Erin R. Gaskin, "Cell Phone Decision Making: Adolescents' Perceptions of How and Why

They Make the Choice to Text or Call," *Youth & Society* 47, no. 3 (2015): 395–411.
64. César G. Escobar-Viera, César G., Ariel Shensa, Nicholas D. Bowman, Jaime E. Sidani, Jennifer Knight, A. Everette James, and Brian A. Primack, "Passive and Active Social Media Use and Depressive Symptoms among United States Adults," *Cyberpsychology, Behavior, and Social Networking* 21, no. 7 (2018): 437–43; Soyeon Kim, Lindsay Favotto, Jillian Halladay, Li Wang, Michael H. Boyle, and Katholiki Georgiades, "Differential Associations between Passive and Active Forms of Screen Time and Adolescent Mood and Anxiety Disorders," *Social Psychiatry and Psychiatric Epidemiology* 55, no. 11 (2020): 1469–78.
65. David Nield, "Try Grayscale Mode to Curb Your Phone Addiction," *Wired*, December 1, 2019.
66. Monique M. H. Pollmann, Tyler J. Norman, and Erin E. Crockett, "A Daily-Diary Study on the Effects of Face-to-Face Communication, Texting, and Their Interplay on Understanding and Relationship Satisfaction," *Computers in Human Behavior Reports* 3 (2021): 100088.

第七章　你不是你的工作本身

这一章里的部分内容由以下文章和播客中的一些观点及段落改编而来。

Arthur C. Brooks, "Your Professional Decline Is Coming (Much) Sooner Than You Think," *The Atlantic*, July 2019; Arthur C. Brooks, "4 Rules for Identifying Your Life's Work," How to Build a Life, *The Atlantic*, May 21, 2020; Arthur C. Brooks, "Stop Keeping Score," How to Build a Life, *The Atlantic*, January 21, 2021; Arthur C. Brooks, "Go Ahead and Fail," How to Build a Life, *The Atlantic*, February 25, 2021; Arthur C. Brooks, "Here's 10,000 Hours. Don't Spend It All in One Place," How to Build a Life, *The Atlantic*, March 18, 2021; Arthur C. Brooks, "Are You Dreaming Too Big?" How to Build a Life, *The Atlantic*, March 25, 2021; Arthur C. Brooks, "The Hidden Toll of Remote Work," How to Build a Life, *The Atlantic*, April 1, 2021; Arthur C. Brooks, "The Best Friends Can Do Nothing for You," How to Build a Life, *The Atlantic*, April 8, 2021; Arthur C. Brooks, "The Link between Self-Reliance and Well-Being," How to Build a Life, *The Atlantic*, July 8, 2021; Arthur C. Brooks, "Plan Ahead. Don't Post," How to Build a Life, *The Atlantic*, June 24, 2021; Arthur C. Brooks, "The Secret to Happiness at Work," How to Build a Life, *The Atlantic*, September 2, 2021; Arthur C. Brooks, "A Profession Is Not a Personality,"

How to Build a Life, *The Atlantic*, September 30, 2021; Arthur C. Brooks, "The Hidden Link between Workaholism and Mental Health," How to Build a Life, *The Atlantic*, February 2, 2023; Rebecca Rashid and Arthur C. Brooks, "When Virtues Become Vices," interview with Anna Lembke, *How to Build a Happy Life*, podcast audio, 32:50, October 9, 2022; Rebecca Rashid and Arthur C. Brooks, "How to Spend Time on What You Value," interview with Ashley Whillans, *How to Build a Happy Life*, podcast audio, 34:24, October 23, 2022.

1. Timothy A. Judge and Shinichiro Watanabe, "Another Look at the Job Satisfaction–Life Satisfaction Relationship," *Journal of Applied Psychology* 78, no. 6 (1993): 939–48; Robert W. Rice, Janet P. Near, and Raymond G. Hunt, "The Job-Satisfaction/Life-Satisfaction Relationship: A Review of Empirical Research," *Basic and Applied Social Psychology* 1, no. 1 (1980): 37–64; Jeffrey S. Rain, Irving M. Lane, and Dirk D. Steiner, "A Current Look at the Job Satisfaction/Life Satisfaction Relationship: Review and Future Considerations," *Human Relations* 44, no. 3 (1991): 287–307.
2. Kahlil Gibran, "On Work," in *The Prophet* (New York: Alfred A. Knopf, 1923).
3. CareerBliss Team, "The CareerBliss Happiest 2021," CareerBliss, January 6, 2021.
4. Kimberly Black, "Job Satisfaction Survey: What Workers Want in 2022," *Virtual Vocations* (blog), February 21, 2022.
5. Michael Davern, Rene Bautista, Jeremy Freese, Stephen L. Morgan, and Tom W. Smith, General Social Surveys, 1972–2021 Crosssection, NORC, University of Chicago, 2018, gssdataexplorer.norc.org.
6. David G. Blanchflower, David N. F. Bell, Alberto Montagnoli, and Mirko Moro, "The Happiness Trade-off between Unemployment and Inflation," *Journal of Money, Credit and Banking* 46, no. S2 (2014): 117–41.
7. Mark R. Lepper, David Greene, and Richard E. Nisbett, "Undermining Children's Intrinsic Interest with Extrinsic Reward: A Test of the 'Overjustification' Hypothesis," *Journal of Personality and Social Psychology* 28, no. 1 (1973): 129–37.
8. Edward L. Deci, Richard Koestner, and Richard M. Ryan, "A Metaanalytic Review of Experiments Examining the Effects of Extrinsic Rewards on Intrinsic Motivation," *Psychological Bulletin* 125, no. 6 (1999): 627–68.
9. Jeannette L. Nolen, "Learned Helplessness," *Britannica*, last modified February 11, 2023.

10. Melissa Madeson, "Seligman's PERMA+ Model Explained: A Theory of Wellbeing," PositivePsychology.com, February 24, 2017; Esther T. Canrinus, Michelle Helms-Lorenz, Douwe Beijaard, Jaap Buitink, and Adriaan Hofman, "Self-Efficacy, Job Satisfaction, Motivation and Commitment: Exploring the Relationships between Indicators of Teachers' Professional Identity," *European Journal of Psychology of Education* 27, no. 1 (2012): 115–32.

11. Arthur C. Brooks, *Gross National Happiness: Why Happiness Matters for America—and How We Can Get More of It* (New York: Basic Books, April 22, 2008).

12. Philip Muller, "Por Qué Me Gusta Ser Camarero Habiendo Estudiado Filosofía," *El Comidista*, October 22, 2018. 这篇文章的作者是阿瑟的研究生。

13. Ting Ren, "Value Congruence as a Source of Intrinsic Motivation," *Kyklos* 63, no. 1 (2010): 94–109.

14. Ali Ravari, Shahrzad Bazargan-Hejazi, Abbas Ebadi, Tayebeh Mirzaei, and Khodayar Oshvandi, "Work Values and Job Satisfaction: A Qualitative Study of Iranian Nurses," *Nursing Ethics* 20, no. 4 (2013): 448–58.

15. Mary Ann von Glinow, Michael J. Driver, Kenneth Brousseau, and J. Bruce Prince, "The Design of a Career Oriented Human Resource System," *Academy of Management Review* 8, no. 1 (1983): 23–32.

16. "The Books of Sir Winston Churchill," International Churchill Society, October 17, 2008.

17. Charles McMoran Wilson, 1st Baron Moran, *Winston Churchill: The Struggle for Survival, 1940–1965* (London: Sphere Books, 1968), 167.

18. Anthony Storr, *Churchill's Black Dog, Kafka's Mice, and Other Phenomena of the Human Mind* (London: Fontana, 1990).

19. Sarah Turner, Natalie Mota, James Bolton, and Jitender Sareen, "Self-Medication with Alcohol or Drugs for Mood and Anxiety Disorders: A Narrative Review of the Epidemiological Literature," *Depression and Anxiety* 35, no. 9 (2018): 851–60.

20. Rosa M. Crum, Lareina La Flair, Carla L. Storr, Kerry M. Green, Elizabeth A. Stuart, Anika A. H. Alvanzo, Samuel Lazareck, James M. Bolton, Jennifer Robinson, Jitender Sareen, and Ramin Mojtabai, "Reports of Drinking to Self-Medicate Anxiety Symptoms: Longitudinal Assessment for Subgroups

of Individuals with Alcohol Dependence," *Depression and Anxiety* 30, no. 2 (2013): 174–83.

21. Malissa A. Clark, Jesse S. Michel, Ludmila Zhdanova, Shuang Y. Pui, and Boris B. Baltes, "All Work and No Play? A Meta-analytic Examination of the Correlates and Outcomes of Workaholism," *Journal of Management* 42, no. 7 (2016): 1836–73; Satoshi Akutsu, Fumiaki Katsumura, and Shohei Yamamoto, "The Antecedents and Consequences of Workaholism: Findings from the Modern Japanese Labor Market," *Frontiers in Psychology* 13 (2022).
22. Lauren Spark, "Helping a Workaholic in Therapy: 18 Symptoms & Interventions," PositivePsychology.com, July 1, 2021.
23. Cecilie Schou Andreassen, Mark D. Griffiths, Rajita Sinha, Jørn Hetland, and Ståle Pallesen, "The Relationships between Workaholism and Symptoms of Psychiatric Disorders: A Large-Scale Crosssectional Study," *PLoS One* 11, no. 5 (2016): e0152978.
24. Longqi Yang, David Holtz, Sonia Jaffe, Siddharth Suri, Shilpi Sinha, Jeffrey Weston, Connor Joyce, "The Effects of Remote Work on Collaboration among Information Workers," *Nature Human Behaviour* 6, no. 1 (2022): 43–54.
25. National Center for Health Statistics, "Anxiety and Depression: Household Pulse Survey," Centers for Disease Control and Prevention, www.cdc.gov/nchs/covid19/pulse/mental-health.htm.
26. Rashid and Brooks, "When Virtues Become Vices."
27. Clark et al., "All Work and No Play?"
28. Rashid and Brooks, "How to Spend Time."
29. Andreassen et al., "Relationships between Workaholism."
30. Carly Schwickert, "The Effects of Objectifying Statements on Women's Self Esteem, Mood, and Body Image" (bachelor's thesis, Carroll College, 2015).
31. Evangelia (Lina) Papadaki, "Feminist Perspectives on Objectification," Stanford Encyclopedia of Philosophy, December 16, 2019.
32. Lola Crone, Lionel Brunel, and Laurent Auzoult, "Validation of a Perception of Objectification in the Workplace Short Scale (POWS)," *Frontiers in Psychology* 12 (2021): 651071.
33. Dmitry Tumin, Siqi Han, and Zhenchao Qian, "Estimates and Meanings of Marital Separation," *Journal of Marriage and Family* 77, no. 1 (2015): 312–22.

34. Margaret Diddams, Lisa Klein Surdyk, and Denise Daniels, "Rediscovering Models of Sabbath Keeping: Implications for Psychological Well-being," *Journal of Psychology and Theology* 32, no. 1 (2004): 3–11.
35. Lauren Grunebaum, "Dreaming of Being Special," *Psychology Today*, May 16, 2011.
36. Arthur C. Brooks, "'Success Addicts' Choose Being Special over Being Happy," How to Build a Life, *The Atlantic*, July 30, 2020.
37. Josemaría Escrivá, *In Love with the Church* (Strongsville, OH: Scepter, 2017), 78.

第八章　寻求日常生活之外的体验

这一章里的部分内容由以下文章中的一些观点和段落改编而来。
Arthur C. Brooks, "How to Navigate a Midlife Change of Faith," How to Build a Life, *The Atlantic*, August 13, 2020; Arthur C. Brooks, "The Subtle Mindset Shift That Could Radically Change the Way You See the World," How to Build a Life, *The Atlantic*, February 4, 2021; Arthur C. Brooks, "The Meaning of Life Is Surprisingly Simple," How to Build a Life, *The Atlantic*, October 21, 2021; Arthur C. Brooks, "Don't Objectify Yourself," How to Build a Life, *The Atlantic*, September 22, 2022; Arthur C. Brooks, "Mindfulness Hurts. That's Why It Works," How to Build a Life, *The Atlantic*, May 19, 2022; Arthur C. Brooks, "To Get Out of Your Head, Get Out of Your House," How to Build a Life, *The Atlantic*, August 11, 2022; Arthur C. Brooks, "How to Make Life More Transcendent," How to Build a Life, *The Atlantic*, October 27, 2022; Arthur C. Brooks, "How Thich Nhat Hanh Taught the West about Mindfulness," *Washington Post*, January 22, 2022; Rebecca Rashid and Arthur C. Brooks, "How to Be Self-Aware," interview with Dan Harris, *How to Build a Happy Life*, podcast audio, 36:22, October 5, 2021; Rebecca Rashid and Arthur C. Brooks, interview with Ellen Langer, "How to Know That You Know Nothing," *How to Build a Happy Life*, podcast audio, 37:45, October 26, 2021.

1. Cary O'Dell, "'Amazing Grace'—Judy Collins (1970)," Library of Congress, www.loc.gov/static/programs/national-recording-preservation-board/documents/AmazingGrace.pdf.
2. Steve Turner, *Amazing Grace: The Story of America's Most Beloved Song* (New York: HarperCollins, 2009); "The Creation of 'Amazing Grace,'" Library of Congress, www.loc.gov/item/ihas.200149085.

3. Lisa Miller, Iris M. Balodis, Clayton H. McClintock, Jiansong Xu, Cheryl M. Lacadie, Rajita Sinha, and Marc N. Potenza, "Neural Correlates of Personalized Spiritual Experiences," *Cerebral Cortex* 29, no. 6 (2019): 2331–8.
4. Michael A. Ferguson, Frederic L. W. V. J. Schaper, Alexander Cohen, Shan Siddiqi, Sarah M. Merrill, Jared A. Nielsen, Jordan Grafman, Cosimo Urgesi, Franco Fabbro, and Michael D. Fox, "A Neural Circuit for Spirituality and Religiosity Derived from Patients with Brain Lesions," *Biological Psychiatry* 91, no. 4 (2022): 380–8.
5. Mario Beauregard and Vincent Paquette, "EEG Activity in Carmelite Nuns during a Mystical Experience," *Neuroscience Letters* 444, no. 1 (2008): 1–4.
6. Masaki Nishida, Nobuhide Hirai, Fumikazu Miwakeichi, Taketoshi Maehara, Kensuke Kawai, Hiroyuki Shimizu, and Sunao Uchida, "Theta Oscillation in the Human Anterior Cingulate Cortex during All-Night Sleep: An Electrocorticographic Study," *Neuroscience Research* 50, no. 3 (2004): 331–41.
7. Andrew A. Abeyta and Clay Routledge, "The Need for Meaning and Religiosity: An Individual Differences Approach to Assessing Existential Needs and the Relation with Religious Commitment, Beliefs, and Experiences," *Personality and Individual Differences* 123 (2018): 6–13.
8. Lisa Miller, Priya Wickramaratne, Marc J. Gameroff, Mia Sage, Craig E. Tenke, and Myrna M. Weissman, "Religiosity and Major Depression in Adults at High Risk: A Ten-Year Prospective Study," *American Journal of Psychiatry* 169, no. 1 (2012): 89–94; Michael Inzlicht and Alexa M. Tullett, "Reflecting on God: Religious Primes Can Reduce Neurophysiological Response to Errors," *Psychological Science* 21, no. 8 (2010): 1184–90.
9. Tracy A. Balboni, Tyler J. VanderWeele, Stephanie D. Doan-Soares, Katelyn N. G. Long, Betty R. Ferrell, George Fitchett, and Harold G. Koenig, "Spirituality in Serious Illness and Health," *JAMA* 328, no. 2 (2022): 184–97.
10. Jesse Graham and Jonathan Haidt, "Beyond Beliefs: Religions Bind Individuals into Moral Communities," *Personality and Social Psychology Review* 14, no. 1 (2010): 140–50.
11. Monica L. Gallegos and Chris Segrin, "Exploring the Mediating Role of Loneliness in the Relationship between Spirituality and Health: Implications for the Latino Health Paradox," *Psychology of Religion and Spirituality* 11, no. 3 (2019): 308–18.
12. Thích Nhất Hạnh, *The Miracle of Mindfulness: An Introduction to the*

Practice of Meditation (Boston: Beacon Press, 1996), 6.
13. Kendra Cherry, "Benefits of Mindfulness," VeryWell Mind, September 2, 2022.
14. Michael D. Mrazek, Michael S. Franklin, Dawa Tarchin Phillips, Benjamin Baird, and Jonathan W. Schooler, "Mindfulness Training Improves Working Memory Capacity and GRE Performance While Reducing Mind Wandering," *Psychological Science* 24, no. 5 (2013): 776–81.
15. Martin E. P. Seligman, Peter Railton, Roy F. Baumeister, and Chandra Sripada, *Homo Prospectus* (Oxford, UK: Oxford University Press, 2016).
16. Jonathan Smallwood, Annamay Fitzgerald, Lynden K. Miles, and Louise H. Phillips, "Shifting Moods, Wandering Minds: Negative Moods Lead the Mind to Wander," *Emotion* 9, no. 2 (2009): 271–6.
17. Kyle Cease, *I Hope I Screw This Up: How Falling in Love with Your Fears Can Change the World* (New York: Simon & Schuster, 2017); Tiago Figueiredo, Gabriel Lima, Pilar Erthal, Rafael Martins, Priscila Corção, Marcelo Leonel, Vanessa Ayrão, Dídia Fortes, and Paulo Mattos, "Mind-Wandering, Depression, Anxiety and ADHD: Disentangling the Relationship," *Psychiatry Research* 285 (2020): 112798; Miguel Ibaceta and Hector P. Madrid, "Personality and Mind-Wandering Self-Perception: The Role of Meta-Awareness," *Frontiers in Psychology* 12 (2021): 581129; Shane W. Bench and Heather C. Lench, "On the Function of Boredom," *Behavioral Sciences* 3, no. 3 (2013): 459–72.
18. Neda Sedighimornani, "Is Shame Managed through MindWandering?" *Europe's Journal of Psychology* 15, no. 4 (2019): 717–32.
19. Smallwood et al., "Shifting Moods."
20. Heidi A. Wayment, Ann F. Collier, Melissa Birkett, Tinna Traustadóttir, and Robert E. Till, "Brief Quiet Ego Contemplation Reduces Oxidative Stress and Mind-Wandering," *Frontiers in Psychology* 6 (2015): 1481.
21. Hạnh, *Miracle of Mindfulness*; Anonymous 19th Century Russian Peasant, *The Way of a Pilgrim and The Pilgrim Continues on His Way: Collector's Edition* (Magdalene Press, 2019).
22. Lauren A. Leotti, Sheena S. Iyengar, and Kevin N. Ochsner, "Born to Choose: The Origins and Value of the Need for Control," *Trends in Cognitive Sciences* 14, no. 10 (2010): 457–63; Amitai Shenhav, David G. Rand, and Joshua D. Greene, "Divine Intuition: Cognitive Style Influences

Belief in God," *Journal of Experimental Psychology: General* 141, no. 3 (2012): 423–8.
23. Mary Kekatos, "The Rise of the 'Indoor Generation': A Quarter of Americans Spend Almost All Day Inside, New Figures Reveal," *DailyMail.com*, May 15, 2018.
24. Outdoor Foundation, *2019 Outdoor Participation Report*, Outdoor Industry Association, 2020.
25. "Global Survey Finds We're Lacking Fresh Air and Natural Light, as We Spend Less Time in Nature," Velux Media Centre, May 21, 2019.
26. Wendell Cox Consultancy, "US Urban and Rural Population: 1800–2000," Demographia.
27. Howard Frumkin, Gregory N. Bratman, Sara Jo Breslow, Bobby Cochran, Peter H. Kahn Jr., Joshua J. Lawler, and Phillip S. Levin, "Nature Contact and Human Health: A Research Agenda," *Environmental Health Perspectives* 125, no. 7 (2017): 075001; Nielsen, *The Nielsen Total Audience Report: Q1 2016* (New York: Nielsen Company, 2016).
28. Gregory N. Bratman, Gretchen C. Daily, Benjamin J. Levy, and James J. Gross, "The Benefits of Nature Experience: Improved Affect and Cognition," *Landscape and Urban Planning* 138 (2015): 41–50.
29. F. Stephan Mayer, Cynthia McPherson Frantz, Emma BruehlmanSenecal, and Kyffin Dolliver, "Why Is Nature Beneficial? The Role of Connectedness to Nature," *Environment and Behavior* 41, no. 5 (2009): 607–43.
30. Henry David Thoreau, "Walking," *The Atlantic*, June 1862.
31. Adam Alter, "How Nature Resets Our Minds and Bodies," *The Atlantic*, March 29, 2013.
32. Kenneth P. Wright Jr., Andrew W. McHill, Brian R. Birks, Brandon R. Griffin, Thomas Rusterholz, and Evan D. Chinoy, "Entrainment of the Human Circadian Clock to the Natural Light-Dark Cycle," *Current Biology* 23, no. 16 (2013): 1554–8.
33. Wendy Menigoz, Tracy T. Latz, Robin A. Ely, Cimone Kamei, Gregory Melvin, and Drew Sinatra, "Integrative and Lifestyle Medicine Strategies Should Include Earthing (Grounding): Review of Research Evidence and Clinical Observations," *Explore* 16, no. 3 (2020): 152–160.
34. C. S. Lewis, *Mere Christianity* (London: Geoffrey Bles, 1952).

结语　当你开始分享，幸福会成倍增加

这一章里的部分内容由以下文章中的一些观点和段落改编而来。

Arthur C. Brooks, "The Kind of Smarts You Don't Find in Young People," How to Build a Life, *The Atlantic*, March 3, 2022.

1. Safiye Temel Aslan, "Is Learning by Teaching Effective in Gaining 21st Century Skills? The Views of Pre-Service Science Teachers," *Educational Sciences: Theory & Practice* 15, no. 6 (2015).

2. John A. Bargh and Yaacov Schul, "On the Cognitive Benefits of Teaching," *Journal of Educational Psychology* 72, no. 5 (1980): 593–604.

3. Richard E. Brown, "Hebb and Cattell: The Genesis of the Theory of Fluid and Crystallized Intelligence," *Frontiers in Human Neuroscience* 10 (2016): 606; Alan S. Kaufman, Cheryl K. Johnson, and Xin Liu, "A CHC Theory-Based Analysis of Age Differences on Cognitive Abilities and Academic Skills at Ages 22 to 90 Years," *Journal of Psychoeducational Assessment* 26, no. 4 (2008): 350–81; Arthur C. Brooks, *From Strength to Strength: Finding Success, Happiness, and Deep Purpose in the Second Half of Life* (New York: Portfolio, 2022).

4. Martin Luther King Jr., "Loving Your Enemies" (sermon, Dexter Avenue Baptist Church, Montgomery, AL, November 17, 1957).